Andreas Kieling

KIELINGS
KLEINE
WALDSCHULE

Andreas Kieling
mit Sabine Wünsch

KIELINGS
KLEINE
WALDSCHULE

Vom Leben in der Natur

Mit 51 farbigen Fotos
und 25 Illustrationen

 NATIONAL GEOGRAPHIC   MALIK

Mehr über unsere Autoren und Bücher:
www.malik.de

Von Andreas Kieling liegen bei National Geographic Malik und
im Piper Verlag vor:

· Bären, Lachse, wilde Wasser
· Durchs wilde Deutschland
· Ein deutscher Wandersommer

· Meine Expeditionen zu den
  Letzten ihrer Art
· Yukon-River-Saga

Inhalte fremder Webseiten, auf die in diesem Buch (etwa durch Links)
hingewiesen wird, macht sich der Verlag nicht zu eigen. Eine Haftung
dafür übernimmt der Verlag nicht.

Unser Versprechen für
mehr Nachhaltigkeit
• Klimaneutrales Produkt
• FSC®-zertifiziertes Papier
• Hergestellt in Europa

MIX
Papier aus verantwor-
tungsvollen Quellen
FSC® C083411
www.fsc.org

Erstmals im Taschenbuch
ISBN 978-3-492-40652-9
September 2021
© Piper Verlag GmbH, München 2020
erschienen im Verlagsprogramm Malik
Umschlaggestaltung: Petra Dorkenwald nach einem Entwurf von Birgit Kohlhaas
Umschlagabbildung: Erik Kieling (Foto Andreas Kieling vorne); Dieter Braun
(Eichhörnchen, Fuchs, Vogel, Hund Cleo); fotolia.com (Blätter); istockphoto.com
(Holzstamm, Biene); AdobeStock (Bäume)
Abbildungen Kapitelanfänge: Dieter Braun (Seite 1, 13, 100, 111, 122, 177), istock-
photo.com (Seite 26), fotolia.com (Seite 37), freepik.com (Seite 18, 33, 47, 52, 56,
59, 64, 85, 95, 98, 104, 117, 126, 141, 158, 162, 183); Fotos Bildteil: Erik Kieling
(Tafel 4 unten, 5 oben und unten rechts), Thore Kieling (2 Mitte und 15 Mitte),
Lea Goldberg (1 oben und unten links, 3, 4 oben und Mitte, 5 unten links, 6/7
oben und Mitte, 6 unten links, 7 unten rechts, 8, 9 oben links, oben rechts, unten
rechts, 10 unten, 11 oben, unten links, 12 oben rechts, Mitte links, 13 unten links,
14 Mitte, 15 unten links, 16 oben rechts, unten). Alle anderen: Andreas Kieling
Satz: Uhl & Massopust GmbH, Aalen
Gesetzt aus der Minion Pro
Litho: Lorenz & Zeller, Inning am Ammersee
Druck und Bindung: CPI books GmbH, Leck
Printed in the EU

Für Lea

Mensch!
Ich bin die Wärme deines Heimes
in kalten Winternächten,
der schirmende Schatten,
wenn des Sommers Sonne brennt.
Ich bin der Dachstuhl deines Hauses
das Brett deines Tisches.
Ich bin das Bett, in dem du schläfst.
Ich bin das Holz,
aus dem du deine Schiffe baust.
Ich bin der Stiel deiner Haue,
die Türe deiner Hütte.
Ich bin das Holz deiner Wiege
und deines Sarges.
Ich bin das Brot der Güte,
die Blume der Schönheit.
Erhöre mein Gebet:
zerstöre mich nicht!

Dieses uralte »Gebet des Waldes«
von einem unbekannten Verfasser
hängt in einer Kneipe in der Eifel
und habe ich schon auf Tafeln
an Waldrändern in verschiedenen
Regionen Deutschlands gesehen.

Inhalt

Vorwort

Mit etwa vierzig hatte ich die Befürchtung, dass mein Interesse an Tieren und generell an der Natur nachlassen könnte, wenn ich erst einmal sechzig wäre, dass ich dann satt wäre, dass meine Neugierde und mein Wissensdurst vergehen könnten. Für jemanden, der als Tierfilmer sein Geld verdient, wäre das eine mittlere Katastrophe. Doch je älter ich werde und je mehr ich verstehe, wie die Natur funktioniert, was die Dinge zusammenhält, desto mehr hinterfrage und erkenne ich, und desto mehr zieht es mich wiederum hinaus. Wenn ich beschreiben müsste, was mich mit der Natur verbindet, würde ich sagen, sie beseelt mich. Es macht mich glücklich, wenn ich draußen in der Natur sein kann. Jetzt sogar mehr als mit dreißig oder vierzig. Vielleicht liegt das auch daran, dass ich heute mehr andere Verpflichtungen habe und nicht mehr so viel draußen sein kann wie früher. Dennoch nimmt die Natur nach wie vor einen sehr, sehr großen Teil meines Lebens ein.

An dieser Liebe, dieser Glückseligkeit, die ich in der Natur erfahre, will ich möglichst viele Menschen teilhaben lassen, und so entstand schließlich die Idee zur »Kleinen Waldschule« auf Facebook. Interessanterweise sind meine Follower auf der einen Seite Menschen, die die Natur eher pragmatisch und realistisch sehen. Sie wandern viel, sind selbst viel draußen, erleben die Natur, fühlen, hören, sehen sie, machen sich ihr eigenes Bild. Einige finden zum Beispiel die Jagd nicht so prickelnd, andere sehen durchaus deren Notwendigkeit ein, lehnen aber die Trophäenjagd ab. Auf der anderen Seite gibt es die Follower, die quasi stellvertretend durch mich die Natur erleben. Sie haben sich oft ein sehr romantisches Bild von der Natur geschaffen und stören sich an vielen von dem, was ich sage, zum Beispiel, dass Tiere instinktgesteuert sind, nicht so sozial, gerecht, harmonisch oder wie auch immer wir sie gern hätten und sie uns wünschen. Das führt dazu, dass einzelne Follower mir sogar die »Freundschaft« kündigen, weil sie sich ihre idealisierte Vorstellung von der Natur nicht zerstören lassen wollen. Eines ist aber ganz klar: Die Natur ist nicht per se gut. Genauso wenig, wie sie per se böse ist. So wenig, wie Wölfe, Giftschlangen oder Knollenblätterpilze »böse« sind. Diese moralische Klassifizierung kennen nur wir Menschen.

Ich hoffe, dass es mir mit diesem Buch und überhaupt mit meiner Arbeit – Filmen, Büchern, Vorträgen, Beiträgen auf Facebook und was ich sonst noch mache – gelingt, zumindest mit einem Teil der Klischees, der Vorurteile und Ängste aufzuräumen, die in Deutschland gegenüber Tieren herrschen, das Interesse an der Natur an sich zu wecken, an den vielen Phänomenen, die es zu entdecken und zu schützen gilt. Das große Ganze ist mir wichtig, daher verzichte ich weitgehend darauf, Einzelfakten zu erwähnen, die man genauso gut im Internet nachlesen kann, etwa, wie groß, wie schwer oder wie alt eine Tierart werden kann.

Einleitung

Meine ersten intensiven Naturerlebnisse hatte ich naturgemäß in Deutschland. Doch dann habe ich Bernhard Grzimek, Wolfgang Ullrich und Heinrich Dathe im Fernsehen gesehen, habe die Abenteuerromane von Jack London, Ernest Hemingway und Mark Twain gelesen. Die Natur wurde in diesen Büchern als übermächtig und sehr gefährlich dargestellt, trotzdem, oder vielleicht gerade deswegen träumte ich bald davon, in die große weite Welt hinauszuziehen. Zumal ich in Thüringen mittlerweile quasi jede Ameise mit Namen kannte. Nach meiner Flucht aus der DDR heuerte ich daher als Siebzehnjähriger auf einem Schiff an, in der Hoffnung, möglichst viele fremde Länder kennenzulernen. Ich erinnere mich noch gut daran, als ich mein erstes Känguru sah. Es war sehr klein, ein Wallaby, und ich dachte, komisch, Kängurus habe ich mir viel größer vorgestellt.

Die Seefahrt war auf Dauer nichts für mich, und so verfiel ich auf die Idee, Förster zu werden. Wald und Tiere, das waren genau die zwei Dinge, die mich am meisten faszinierten. Nichtsdestotrotz war der Wunsch, mehr von der Welt kennenzulernen, ungebrochen. So ging ich 1988 im Auftrag der Gesellschaft für technische Zusammenarbeit für fast ein Jahr nach China, um dortige Kollegen dabei zu unterstützen, den Wald ertragreich zu bewirtschaften. In den ersten Jahren als Tierfilmer zog es mich nach Alaska, dann nach Afrika, nach Sibirien, nach Australien. Und immer wieder nach Alaska. Die ganzen Jahre über beschäftigte mich die Frage, ob meine Kinder später einmal noch einen Eisbären, einen Panda, einen Berggorilla oder einen äthiopischen Wolf sehen würden.

Mit Anfang fünfzig kam dann eine Art »Rückbesinnung« auf Deutschland. Zum Teil, weil ich von den manchmal recht strapaziösen Reisen doch etwas angeschlagen war. Wochenlang bei Minusgraden durch Alaska zu ziehen, Nacht für Nacht auf steinhart gefrorenem Boden zu schlafen und ständig die Fotoausrüstung und so einiges mehr (Zelt, Schlafsack, Verpflegung etc.) zu schleppen steckt man mit über fünfzig nicht mehr so leicht weg wie mit dreißig. Dazu kamen Hautveränderungen und grauer Star durch die immense UV-Strahlung und das grelle Licht auf dem Packeis. Ein ausschlaggebendes Ereignis war aber mit Sicherheit 2009 die Wanderung entlang der 1400 Kilometer langen ehemaligen innerdeutschen Grenze, die auch eine Reise zurück in meine Vergangenheit war. Nach den unzähligen Erfahrungen und Erlebnissen überall in der Welt hatte ich nun einen völlig anderen Blick auf die Natur vor der Haustür und entdeckte sie zwar nicht neu, aber wieder. Und stellte fest: Meine Güte, die Natur hier ist ja genauso interessant. Und hier ist richtig viel los. Tiere, die in meiner Kindheit und Jugend praktisch nicht auffindbar waren, wie zum Beispiel Uhus, Wanderfalken oder Schwarzstörche, oder die in Deutschland schlichtweg ausgestorben waren wie Luchse und Wölfe, sind auf einmal wieder präsent. Bei den Amphibien und den Insekten hat es sich leider in die andere Richtung gedreht; als Kind wäre ich nie auf die Idee gekommen, einem Segelfalter oder Schwalbenschwanz, mit Sicherheit einer der schönsten Tagfalter, hinterherzujagen, weil man sie noch ständig sah.

Diese Faszination wollte ich teilen, und weil ich gern erzähle und es gewohnt bin, mich vor der Kamera so zu verhalten, wie ich auch im richtigen Leben bin, begann ich kurze Videos für Facebook zu drehen. Ich wollte keine großen epischen Geschichten erzählen, sondern eher bestimmte Fakten vermitteln, dies aber mit Leichtigkeit. So wie ich als Schuljunge mit dreizehn, vierzehn oder fünfzehn meinen Kumpels von meinen Abenteuern im Wald erzählte. Während meine Freunde unter »Abenteuer« das Knutschen mit Mädchen verstanden, fand ich es faszinierend, was man im Wald alles entdecken konnte. Ich wusste genau, wo ein großer Ameisenhaufen war, wo man eine Blindschleiche oder einen frischen Maulwurfshügel fand, wo in einem kleinen Tümpel Molche lebten, ich kannte die Verstecke von Erdkröten, wusste, wo es Forellen gab, wo man im Herbst hingehen musste, um einen röhrenden Hirsch nicht nur zu hören, sondern auch zu sehen. Und wenn sich mal ein Mädchen für mich interessierte, wollte ich sie daran teilhaben lassen. Tatsächlich konnte ich das eine oder andere Mädchen dazu überreden, mit mir in den Wald zu gehen, wo ich dann auch meinen ersten Kuss erhielt, und ich weiß bis heute, wie das Mädchen roch. Doch keines teilte meine Begeisterung für die Entdeckungen, die es in der Natur zu machen galt.

Damals hätte ich mir nicht träumen lassen, dass ich später einmal eine Freundin haben würde, die genauso naturbegeistert ist wie ich und eine unglaubliche Entdeckerlust hat, und dass mir einmal Tausende Mädchen und Frauen – zumindest virtuell auf Facebook – in den Wald folgen würden. Der Zeitgeist ist heute eindeutig ein anderer als zu meiner Schulzeit; die Jugend von heute begeistert sich nicht nur für Ed Sheeran, Rihanna oder Apache 207, sondern auch für Tiere und die Natur im Allgemeinen. Jedenfalls hatte ich innerhalb kürzester Zeit eine Menge Follower, und zwar aus sämtlichen Alters- und Berufsgruppen, die beständig weiter anwuchs. Inzwischen sind es über 300.000. Nie hätte ich mir vorstellen können, dass zum Beispiel mein Post über einen Nachtfalter namens Taubenschwänzchen fast 2500 Kommentare erhalten würde. Das Video über das Insektensterben wurde 4,9 Millionen Mal aufgerufen und über 28.000 Mal geteilt, und dasjenige über »Bruder Wolf«, eine Art Nachruf auf den vermeintlichen »Problemwolf« Kurti, der im April 2016 im Auftrag der niedersächsischen Landesregierung getötet worden war, hatte weit über 1,2 Millionen Aufrufe und wurde über 25.000 Mal geteilt.

Dieses enorme Interesse an meinen kleinen Filmchen und Beiträgen macht mich glücklich, und es verleiht mir außerdem Energie und Durchhaltekraft, denn oft erfordert es viel Ausdauer, einem Tier oder auch einer Pflanze auf der Spur zu bleiben. Wenn ich dann aber dieses positive Feedback bekomme, spornt mich das immer wieder an.

Ich sehe meine Facebook-Seite ein bisschen als Naturforum, wo diskutiert wird und ich eigentlich nur den Anstoß gebe. Es kommen aber auch Anregungen von Followern wie »Machen Sie doch mal was über fleischfressende Pflanzen« – davon haben wir immerhin drei in Deutschland: Sonnentau, Fettkraut und Wasserschlauch. Allerdings ist die Kleine Waldschule nur eines von vielen meiner Projekte, und ich habe keine große Redaktion im Rücken, die mich dabei unterstützt, weshalb ich leider viele dieser Ideen nicht aufgreifen kann.

Über die zahlreichen Follower auf Facebook wurde auch schon das eine oder andere im Bereich Naturschutz bewirkt. Einer der größten und erfolgreichsten Posts, die ich jemals hatte, war über Wildtierrettung, genauer über die Rettung von Rehkitzen. Dieser Post hat viele Menschen berührt und – und das ist das Entscheidende – zur Nachahmung angestiftet. Als ich den ersten Videoaufruf dieser Art startete, schrieben viele Facebook-Freunde, dass sie sich daraufhin einem Hegering – so nennt man die kleinste Organisationseinheit der Jäger – oder einer Kreisgruppe der Jägerschaft, dem NABU, dem BUND oder einer kleinen lokalen Naturschutzgruppe angeschlossen haben, um unter fachkundiger Anleitung Wiesen abzusuchen und Rehkitze vor dem anrückenden Kreiselmäher zu retten. Mal waren es zwei, mal drei, mal vier Kitze, die in Sicherheit gebracht werden konnten. Überwältigende vier Millionen Mal wurde das Video angesehen. Daran kann man erkennen, dass die Neuen Medien nicht nur Unterhaltung und Tinnef sind, sondern dass man damit sehr effektiv etwas bewegen kann. Ich habe mehrmals über die Jahre hinweg auf Facebook den Aufruf gestartet, dass man sich zur Jungwildrettung melden soll, und bin tatsächlich stolz darauf, dass das bestimmt mehrere

Hundert Rehkitze vor dem Mähtod bewahrt hat. Fraglich, ob ein Aufruf in einer Zeitung oder im Radio zu einer ähnlichen Resonanz geführt hätte.

Mit meinem Interesse an der Natur speziell in unserer Heimat bin ich also nicht allein. Immer mehr Deutsche, vor allem auch junge, verbringen zudem ihren Urlaub in Deutschland. Das mag ökologische Gründe haben; eine andere Ursache liegt vielleicht darin, dass aus den Medien im Grunde alle Ecken dieser Welt bekannt sind und so mancher mittlerweile der exotischen Ziele irgendwie überdrüssig ist. Und es entdecken eben immer mehr Menschen, wie unendlich abwechslungsreich unsere Heimat ist: Wir haben mit der Nord- und der Ostsee zwei Meere, wir haben Mittelgebirge und mit den Alpen ein Hochgebirge, wir haben ausgedehnte Wälder und Tausende Seen; mittlerweile haben wir sogar fast savannenähnliche Gebiete in Brandenburg, in denen weniger Niederschläge fallen als in der Serengeti. Und wir haben höchst unterschiedliche Dialekte, Trachten, Traditionen, dazu jahrhundertealte Baudenkmäler wie Burgen, Schlösser oder Kirchen. Und seit das Wandern ein richtiger Trendsport auch unter Jugendlichen geworden ist, steigt das Interesse an Tieren und Pflanzen immer weiter an. Man will wissen: Der Schmetterling da in der Burgruine, wie heißt der? Die hübsche rote Blume auf der Hochalm, was ist das für eine?

Unser Verhältnis
zur Natur und zu Tieren

Dem Interesse an der Natur einerseits, das ich zum Beispiel bei meinen Facebook-Followern feststelle, steht andererseits eine gewisse Entfremdung von der Natur gegenüber. Mich erstaunt immer wieder, wie viele Menschen heutzutage allergisch auf ganz natürliche Substanzen wie Heu, Hausstaub, Erdnüsse oder Äpfel reagieren – und ich meine damit die »echten« Allergien, also eine Abwehrreaktion des Immunsystems, nicht die Lebensmittelunverträglichkeiten, bei denen der Stoffwechselprozess gestört ist. Zu viel Hygiene in der Kindheit, das ist von der Wissenschaft bestätigt, behindert die Entwicklung unseres Immunsystems: Ein Immunsystem, das wenig mit (nicht krank machenden) Mikroben und (ungefährlichen) Parasiten in Kontakt kommt, sucht sich andere »Gegner« und findet sie zum Beispiel in der Milch oder im Obst. Ein Beleg dafür ist, dass Kinder, die auf Bauernhöfen aufwachsen, wo sie unweigerlich mit »Schmutz« in Kontakt kommen, weit seltener an Allergien und Asthma leiden als Stadtkinder.

Dass wir uns (zu) weit von der Natur entfernt haben, zeigt sich meines Erachtens auch in der Angst oder dem Ekel vor allen möglichen Tieren. Man denke nur daran, wie viele Menschen sich vor Spinnen fürchten und teilweise regelrecht hysterisch reagieren, obwohl ihnen keine einzige der in Deutschland heimischen Spinnen gefährlich werden kann; oder wie viele Menschen, auch Nicht-Allergiker, wild um sich schlagen, wenn eine Biene oder eine Wespe sie umschwirrt. Das ist Ausdruck einer zivilisationsgeschichtlich relativ neuen Entwicklung, denn als die meisten Menschen noch auf dem Land lebten, wäre eine Phobie gegen die dort allgegenwärtigen Tiere höchst unpraktisch gewesen. Heute haben viele Menschen noch nie in ihrem Leben einen Regenwurm angefasst, weil sie sich vor der vermeintlich glitschigen Haut ekeln; sie wissen daher gar nicht, dass sich ein Regenwurm in Wirklichkeit trocken anfühlt. Noch bis Mitte der 1950er-Jahre kam in Jahren, in denen es massenhaft Maikäfer gab, Maikäfersuppe auf den Tisch; heutzutage würde das kaum einer mehr anrühren. Viele Insekten finden wir widerlich, dabei sind die meisten der kleinen Krabbler äußerst nützliche Lebewesen. Allenfalls Bienen werden akzeptiert, weil sie uns unseren geliebten Honig liefern, und in neuerer Zeit auch, weil ihre immens wichtige Rolle im Ökosystem erkannt wurde.

Im Grunde ist unser Verhältnis zur Natur, zu Wildtieren und sogar zu Pflanzen höchst ambivalent. Wir unterscheiden sie in gut und böse, in giftig und genießbar, in putzig und hässlich, in Nützling und Schädling. Wenn sie unseren Vorstellungen entsprechen, dürfen sie bei uns leben, wenn nicht, sind sie uns suspekt und sollen (wieder) verschwinden. Mit »Vorstellungen« meine ich, dass die Tiere sich so verhalten, wie wir es gern hätten. So sollen Beutegreifer gefälligst unsere Nutztiere in Ruhe lassen, und vor allem die größeren sollen sich an das Gebiet halten, das wir für sie vorgesehen haben. Tieren dichten wir zudem menschliche Attribute und Verhaltensweisen an. Vielleicht nicht gerade einer Maus oder einem Fisch, aber großen Beutegreifern, und das ist einer der Gründe, warum viele keine Wölfe, Luchse oder Bären bei uns haben wollen. Manche Menschen glauben nämlich tatsächlich, diese Tiere wären uns feindlich gesinnt und würden sich an uns dafür »rächen« wollen, dass wir sie hier in Deutschland einmal ausgerottet haben. Das ist Menschendenken und, mit Verlaub, Blödsinn, denn Tiere denken oder empfinden einfach nicht so.

Eine ganz ähnliche Einstellung wie gegenüber großen Prädatoren haben manche Menschen generell der Natur gegenüber. Sie denken, weil wir die Natur jahrhundertelang ausgebeutet haben, weil wir Wälder roden, Moore trocken legen, Tier- und Pflanzenarten ausrotten, Böden, Luft und Wasser vergiften, würde sie »zurückschlagen«, also durch Stürme, Überschwemmungen, Dürren und Ähnliches Vergeltung üben wollen. Dabei ist das alles lediglich eine Frage von Ursache und Wirkung – und die Ursache sind wir.

Wenn man der Natur unbedingt menschliche Verhaltensweisen zuschreiben möchte, dann müsste man sagen: Sie ist erstaunlich belastbar, und sie reicht uns immer wieder die Hand. Tiere, die wir in Deutschland ausgerottet haben, kommen freiwillig zurück, wenn wir es zulassen, wie beispielsweise der Luchs (um nicht immer nur den Wolf zu nennen), oder lassen sich wieder ansiedeln, wie etwa der majestätische Bartgeier. Areale, auf denen Soldaten jahrzehntelang Krieg spielten, verwandeln sich in relativ kurzer Zeit von einem Truppenübungsplatz in ein Stück Natur, auf dem sich seltene Tiere wie der Wolf oder die Gelbbauchunke heimisch fühlen. Sogenannte tote Flüsse, in denen es aufgrund der hohen Verschmutzung kaum mehr Leben gab, erholen sich, sobald wir Menschen unsere Abwässer aus den Haushalten und der Industrie nicht mehr ungefiltert in die Gewässer entsorgen. Der Rhein und die Themse waren beide bereits einmal tot, trübe, stinkende Kloaken. Heutzutage ist der Rhein streckenweise »nur« noch »mäßig belastet«, und die Themse ist sogar einer der saubersten Hauptstadtflüsse weltweit.

Das alles könnte in einer Spalte mit der Überschrift »einerseits« stehen. Andererseits nämlich wird trotz aller Defizite in Deutschland eigentlich viel für den Naturschutz getan. Großen Anteil haben die Hunderttausende Freiwilligen, die sich in Naturschutzgruppen organisieren. Oft sind das nur kleine Kreisgruppen oder selbst ernannte Verbände. Aber auch jeder Einzelne von uns kann – in kleinem Maßstab – etwas tun: Indem er oder sie zum Beispiel den Balkon in ein Wildblumen-

und Insektenparadies verwandelt, das Gärtchen der Erdge-
schosswohnung oder den kleinen Garten ums Einfamilienhaus
»verwildern« lässt und nur mit Wasser aus einer Regentonne
gießt. Oder die Menschen, die, in größerem Maßstab, Hecken
und Randstreifen zwischen ihren Äckern anlegen, Flächen mal
länger brachliegen oder vielleicht sogar mal ein Feld Wiese werden lassen. Oder sich in Großstädten mit Gleichgesinnten in
»Urban Gardening«-Projekten zusammentun und auf ehemaligen Brachflächen Nutzpflanzen ziehen. Auch ist die Bereit-
schaft, an Naturschutzorganisationen zu spenden, enorm hoch.
Die Zoologische Gesellschaft Frankfurt (ZGF) zum Beispiel,
die sich dem Erhalt bedrohter Wildtiere und deren Lebensräume verschrieben hat, kann mit dem eingesammelten Geld
derzeit dreißig Programme und Projekte weltweit unterstützen:
vom Schutz der Buchenwälder in der Hohen Schrecke in Thüringen über den Erhalt eines der größten Wildnisgebiete Europas, des Belovezhskaya Pushcha-Urwalds in Weißrussland, bis
zur Förderung der Wiederansiedlung von wild lebenden Spitz-
maulnashörnern im Nationalpark North Luangwa in Sam-
bia. Und natürlich steht immer noch die Serengeti im Fokus,
die Region, mit der in den 1950er-Jahren alles begann. Ältere
Leser erinnern sich bestimmt noch an den berühmten Doku-
mentarfilm *Serengeti darf nicht sterben,* den Professor Bernhard
Grzimek, der Gründer der ZGF, 1958 drehte.

Wo ich dringenden Handlungsbedarf sehe, ist bei unserem
Umgang mit Lebensmitteln. Jedes Jahr landen in Deutschland
nach Berechnungen der Universität Stuttgart fast dreizehn
Millionen Tonnen Lebensmittel im Müll. Nebenbei: Weltweit sind es rund 1,3 Milliarden Tonnen, während gleichzeitig laut dem UN-Report »Die Situation der Nahrungssicher-
heit und Ernährung in der Welt« über 821 Millionen Menschen
hungern. In Privathaushalten werfen wir pro Kopf 85,2 Kilogramm Nahrungsmittel in den Müll – fast die Hälfte davon,
weil wir nicht bewusst einkaufen, Obst und Gemüse nicht
richtig lagern und Reste nicht verwerten. Auch die Landwirtschaft, die Lebensmittelverarbeitung und die Gastronomie tra-

gen natürlich ihren Teil bei. Nimmt man sie in die Rechnung mit auf, könnte die Lebensmittelverschwendung um die Hälfte reduziert werden. Das würde landwirtschaftliche Nutzflächen überflüssig machen, auf denen letztlich blühende Wiesen für Insekten und andere Tiere entstehen könnten. Das muss nicht heißen, dass Landwirte dadurch finanzielle Nachteile haben, wenn wir, statt viele billige Lebensmittel zu kaufen und vierzig Prozent davon wegzuwerfen, weniger Essen kaufen, dafür von guter Qualität, und den Landwirten dafür einen adäquaten Preis bezahlen. Doch genau darin liegt das Problem. Gerade weil Lebensmittel bei uns relativ wenig kosten – die Lebensmittelpreise in Deutschland sind im Schnitt deutlich günstiger als die in anderen westeuropäischen Ländern wie Italien und Frankreich –, wird so sorglos und verschwenderisch damit umgegangen.

Naturschutz in Deutschland – da geht noch was

Privatinitiativen sind das eine, staatliche Maßnahmen das andere. Der deutsche Staat tut im Vergleich zu etlichen anderen Staaten zwar relativ viel für den Naturschutz, könnte und sollte meines Erachtens aber weit mehr tun. Im Jahr 2019 beliefen sich laut www.bundeshaushalt.de die Ausgaben des Bundesministeriums für Umwelt, Naturschutz und nukleare Sicherheit (BMU) auf 2,287 Milliarden Euro. Hört sich erst einmal gut an. Bis man genauer hinschaut. Das sind nämlich gerade einmal 0,64 Prozent des Gesamthaushalts. Und der mit Abstand größte Batzen, nämlich fast 984 Millionen Euro – beziehungsweise 43 Prozent –, floss in die Zwischen- und Endlagerung radioaktiver Abfälle. Der Klimaschutz war unserer Regierung gerade einmal 540 Millionen Euro wert (knapp 24 Prozent des Etats vom BMU). Der Umweltschutz musste sich mit 154 Millionen (6,73 Prozent) und der Naturschutz sogar mit nur gut 95 Millionen Euro, schlappen 4,18 Prozent, zufriedengeben.

Rechnen wir Umwelt- und Naturschutz zusammen, geben wir dafür also gerade einmal 250 Millionen Euro aus – bei einem Gesamthaushalt von fast 357 Milliarden. Das ist absolut unverhältnismäßig, zumal wir ja nicht nur die Natur vor unserer Haustür benutzen, gefährden und zerstören, sondern auch in anderen Teilen der Welt. Für den Bedarf an Palmöl wird immens viel tropischer Regenwald abgeholzt. Ich bin stundenlang über Ölpalmenplantagen auf der indonesischen Insel Sumatra geflogen. Auf Malaysia, nach Indonesien der zweitgrößte Produzent von Palmöl, bietet sich dasselbe Bild. Nun betreiben aber Indonesien und Malaysia nicht deshalb Raubbau an ihren Urwäldern, weil sie selbst einen enorm hohen Bedarf an Palmöl hätten. Allein wir Deutschen importieren pro Jahr fast 1,5 Millionen Tonnen Palmöl. Es kann in Kosmetikartikeln stecken (auch in mancher Naturkosmetik!), in Shampoos, Seifen, Bodylotions und Duschgels, in Wasch- und Putzmitteln, in Kerzen, in Butter, Margarine und Brotaufstrichen, in Keksen, Schokolade und Eiscreme, in Tütensuppen, Fertigprodukten und, und, und. Und sogar in Babynahrung, obwohl seit Jahren bekannt ist, dass bei der industriellen Verarbeitung von Palmöl und Palmfett gefährliche Schadstoffe entstehen, wenn sie über 200 °C erhitzt werden – und das ist bei industrieller Fertigung sehr häufig der Fall. In erster Linie wird Palmöl aber zur Herstellung von Biosprit verwendet. Das macht mich immer wieder fassungslos: Es wird Regenwald gerodet, um *Bio*sprit zu produzieren! Biosprit können wir Verbraucher aber gar nicht vermeiden, da die Erneuerbare-Energien-Richtlinie der EU von 2009 die Beimischung von Agrosprit in Benzin und Diesel vorschreibt. Im Supermarkt und im Drogeriemarkt können wir jedoch sehr wohl auf Produkte mit Palmöl verzichten und stattdessen zu palmölfreien Alternativen greifen. Manchmal steht die palmölfreie Variante im Regal sogar direkt neben der palmölhaltigen.

Es wird in Deutschland also viel von Umwelt- und Naturschutz geredet und bereits viel dafür getan, aber unter dem Strich ist es definitiv zu wenig. Im Jahr 2019 erreichten wir schon am 3. Mai den sogenannten Welterschöpfungs- oder Erdüberlastungstag, den Tag, an dem wir die Ressourcen verbraucht haben, die uns rein rechnerisch für das ganze Jahr zustehen, ab dem wir sozusagen Schulden bei der Erde machen. Der »Earth Overshoot Day«, wie dieser Tag oft auch in deutschen Texten genannt wird, wird für jedes einzelne Land und für die Welt als Ganzes berechnet. Deutschland war drei Monate schneller als der Durchschnitt, dank ökonomisch schwacher Länder fiel der weltweite Earth Overshoot Day nämlich »erst« auf den 29. Juli. Platz 1 sicherte sich übrigens Katar (11. Februar), Platz 2 Luxemburg (16. Februar). In Luxemburg schlägt sich vor allem der hohe CO_2-Ausstoß nieder, was vielen Flügen und dem Benzintourismus geschuldet ist.

Unser unverantwortlicher Umgang mit der Umwelt zeitigt in manchen Bereichen bereits drastische Folgen, so zum Beispiel bei den Insekten.

Warum unsere Insekten sterben und was wir dagegen tun können

Als ich ein Kind war, waren Käfer, Waldameisen, Würmer, Engerlinge, Schnecken, Schmetterlinge und Motten, also nachtaktive Schmetterlinge, etwas völlig Normales. Wir Kinder schwärmten noch aus und sammelten Kartoffelkäfer von den Kartoffelsträuchern ab – wir bekamen dafür sogar Geld. Wenn wir über eine Wiese liefen, begleitete uns das Zirpen unzähliger Heuschrecken. Der Maikäfer war ein Allerweltstier, so häufig, dass wir ihn sammelten und an die Hühner verfütterten. Etwa alle vier Jahre gab es besonders viele dieser Blatthornkäfer mit den charakteristischen fächerförmigen Fühlern, denn zwischen drei und fünf Jahren dauert ihre Metamorphose vom Ei bis zum fertigen Insekt. Dann fraßen sie in manchen Regionen die Bäume kahl und waren eine regelrechte Plage. Nur wenige Jahre später hatte ich Mühe, in einem guten Maikäferjahr zehn von ihnen zu fangen. Die Tiere waren so selten geworden, dass es sogar ein Lied darüber gab. Die älteren Leser erinnern sich vielleicht noch an Reinhard Meys »Es gibt keine Maikäfer mehr« aus dem Jahr 1974. Meys Abgesang auf die Maikäfer ging in den allgemeinen Sprachgebrauch ein und dokumentierte Artensterben bei uns schon vor fast fünfzig Jahren.

Insekten gab es lange Zeit in solch rauen Mengen, dass man kaum gedacht hätte, dass es mal schlecht um sie stehen könnte. Aber dann wurden mit akribischer Systematik Agrarflächen und im Übrigen auch Wälder mit Herbiziden und Fungiziden besprüht, und natürlich mit Insektiziden, allem voran dem berüchtigten DDT. Das war ein Megagift nicht nur für Insekten, sondern auch für insektenfressende Vögel. Deren Eier wurden aufgrund des DDT so dünnschalig, dass der Nachwuchs kaum mehr eine Überlebenschance hatte. Das Gift reicherte sich in der Nahrungskette immer mehr an und wurde so zum Beispiel auch Greifvögeln, Eulenvögeln, Füchsen und Mardern zum Verhängnis. Ich gehe davon aus, dass sich viele Arten bis heute nicht vom hemmungslosen Gebrauch von DDT erholt haben, obwohl es bereits seit über vierzig Jahren (seit 1. Juli 1977) verboten ist. Das Ausbringen anderer Gifte und regelrechter Giftcocktails wurde derweil munter fortgesetzt. Das konnte nicht spurlos an der Natur vorübergehen, denn nicht nur DDT, jedes Gift potenziert sich in der Nahrungskette.

Hinzu kommt, dass die Kulturpflanzen, die wir anbauen, immer weniger für Insekten geeignet sind. In den riesigen Feldern mit Monokulturen haben Insekten überhaupt keine Chance, ausreichend Nahrung zu finden, vom Rapsglanzkäfer und anderen spezialisierten Schadinsekten abgesehen, und an den Rändern lässt die industrielle Landwirtschaft keinen Raum mehr für Grünstreifen, Hecken und Büsche. Selbst eine Wiese besteht heutzutage aus Hochleistungsgras: aus Weidegras oder aus Energiegras für Biogasanlagen, das nicht einmal mehr blüht. Diese Grünlandflächen sehen vielleicht ganz hübsch aus, wenn ihnen im Frühjahr Huflattich und Löwenzahn gelbe Sprenkel verpassen. Doch da hält sich keine Hummel auf, keine Feldlerche, nichts. Nach der Mahd wird Gülle draufgesprüht oder das übrig gebliebene Substrat aus der Biogasanlage, und spätestens dann ist das letzte Insekt tot. Falls überhaupt noch eines dort gelebt hat.

Die Forstwirtschaft trug ebenfalls ihren Teil bei. Wirtschaftswälder wurden sauber aufgeräumt, in den Monokulturen standen die Bäume ohnehin in Reih und Glied. Für umgestürzte Bäume oder Baumstümpfe war da kein Platz, das

Totholz musste raus. Ich frage mich immer, warum man von »Totholz« spricht, denn es ist ja alles andere als tot. In Totholz steckt sogar mehr Leben als in »lebendigem« Holz – jedenfalls was Insekten betrifft: Es ist Lebensgrundlage für holzfressende Insekten, Lebensraum für Insekten, die in den Löchern und Gängen, die ihre holzfressenden Kollegen schufen, ihre Bruten ablegen. In dem Totholz gedeihen Pilze und Bakterien, von denen sich verschiedene Larven ernähren. All die Totholzbewohner sind wiederum Nahrung für größere Insekten und für insektenfressende Tiere. Für sie ist Totholz wie ein Tischleindeckdich.

Lichtverschmutzung ist ein weiterer Punkt. Nachtaktive Insekten, also immerhin die Hälfte aller Insektenarten, brauchen die Dunkelheit und das Licht vom Mond und den Sternen, um sich zu orientieren, um Nahrung zu suchen, um sich fortzupflanzen, um Räubern auszuweichen. Was sie garantiert nicht brauchen, sind künstliche Lichtquellen von Reklameschildern, Industrieanlagen, Straßenlaternen und dergleichen, denn die stören ihre Aktivitäten, locken sie aus dunklen Ökosystemen fort, die dadurch in Bezug auf Insekten verarmen, und machen sie zur leichten Beute von nachtaktiven Vögeln oder Fledermäusen. Viele Insekten sterben auch durch künstliche Lichtquellen, weil sie gegen das Glas donnern, hinter dem das Licht leuchtet, zu Boden fallen und dort zertreten oder überfahren werden.

Über 27 Jahre hinweg, von 1989 bis 2015, erfasste der Entomologische Verein Krefeld den Bestand von Insekten an sechzig ausgewählten Standorten – mit verheerendem Ergebnis: Die Entomologen gehen davon aus, dass wir 75 Prozent der Biomasse an Insekten verloren haben. Der Verlust zog sich durch sämtliche Arten. Es hat Schmetterlinge getroffen und Libellen, Käfer und Heuschrecken, Ameisen und Wespen … Den meisten Menschen war bis dahin nur aufgefallen, dass so gut wie keine Insekten mehr an der Windschutzscheibe ihrer Autos klebten und dass extrem wenige Bienen unterwegs waren. Der Begriff »Insektensterben« bezieht sich aber nicht nur auf die Anzahl der Insekten, also eben die Biomasse, sondern auch auf das Verschwinden ganzer Arten.

Die sogenannte Krefelder Studie, die im Herbst 2017 erschien und deren Hiobsbotschaft von den Medien bereitwillig aufgegriffen wurde, rüttelte viele auf. Unfassbare 4,9 Millionen Mal wurde mein erster Post zum Insektensterben auf Facebook aufgerufen – ein klares Indiz dafür, wie sehr dieses Thema die Menschen berührt. Es entbrannten heiße Diskussionen. Die schönsten Kommentare kamen aber von Leuten, die nicht nur tolle Tipps gaben, sondern selbst mit gutem Beispiel vorangehen, die etwa auf brachliegenden Äckern – natürlich mit Zustimmung der Landwirte – Sonnenblumenkerne und die Saat von Wildblumen aussäen; die ihren Rasen statt jede Woche einmal im Monat mähen oder dem Gras sogar nur einmal im Jahr mit der Sense zu Leibe rücken, damit Löwenzahn, Klee und andere Wildpflanzen gedeihen können; die auf ihrem Balkon in der Stadt Glockenblumen, Karthäusernelken und andere einheimische Blumensorten pflanzen, die zu unseren Insekten »passen«, statt tropische Sorten wie Passionsblume oder Engelstrompete, mit deren Blüten viele Insekten hier nichts anfangen können, weil zum Beispiel ihre Saugrüssel nicht lang genug sind, um an den Nektar heranzukommen.

Wenn wir schon bei Maßnahmen sind, die Insekten anlocken und/oder ihnen eine Heimstatt bieten, dürfen Insektenhotels nicht fehlen. Die Dinger sind nicht groß und haben auf jedem Balkon, in jedem Garten Platz. Es gibt sie zum Beispiel nur für Wildbienen, nur für Hummeln oder nur für Schmetterlinge oder quasi als WG, in der Wildbienen, Schlupf- und Grabwespen, Flor- und Schwebfliegen, Marienkäfer, Ohr- und Glühwürmchen ein Zuhause finden. Fertige Insektenhotels gibt es in jedem Gartencenter, Hobbybastler finden Baupläne im Internet. Noch leichter kann es einem nicht gemacht werden, seinen Teil zur Rettung von Insekten beizutragen. Ein absolutes No-Go sind in diesem Zusammenhang die Zäune aus mit Steinen gefüllten Drahtkörben, die seit einigen Jahren in Mode sind.

Die Konsequenzen aus dem Insektensterben wären logischerweise, dass wir den Einsatz von Pestiziden, speziell Insektiziden, entweder stoppen oder zumindest deutlich minimieren; dass wir zwischen den großen landwirtschaftlichen Nutzflächen Randstreifen wachsen lassen; dass wir deutlich mehr Flächen Brachland sein lassen, wo wachsen darf, was wachsen will, vor allem sehr viele Wildkräuter und auch Wildblumen, die über die Vegetationsperiode hinweg verteilt blühen; dass wir im Wald Totholz liegen lassen. Wie förderlich sich das auswirken würde, lässt sich am Grünen Band zeigen, dem großen Naturschutzprojekt entlang der ehemaligen deutsch-deutschen Grenze. Auf bis zu zweihundert Meter Breite und ungefähr 1400 Kilometer Länge gab es vierzig Jahre lang keine Land- oder Forstwirtschaft, stattdessen den berüchtigten Todesstreifen mit Zäunen, Lichtsperren, Gräben und Selbstschussanlagen. Auf DDR-Seite schlossen sich ein Schutzstreifen und eine fünf Kilometer breite Sperrzone an, in der sämtliche menschliche Aktivitäten stark eingeschränkt waren. Die Grenze war, so könnte man sagen, der Menschen Leid und der Natur Freud, denn sie bescherte dem Landstrich ungewollt einen äußerst strengen Natur- und Umweltschutz. Das schmale Band, heute eben »Grünes Band« genannt, wurde zu einem Refugium für Pflanzen und Tiere, darunter über eintausend seltene und gefährdete Arten. Als ich anlässlich des zwanzigsten Jahrestags des Mauerfalls im Jahr 2009 diesem Grünen Band vom Dreiländereck Bayern-Sachsen-Tschechische Republik in der Nähe von Hof bis an die Ostsee folgte, wurde ich selbst Zeuge, wie extrem viele Insekten in dem Gebiet lebten, wie sehr viele seltene Pflanzenarten es gab: Orchideen, fleischfressende Pflanzen, Seidelbast, Aronstab, seltene Gräser, Moose und Flechten. Dasselbe Phänomen kann man auf einstigen Truppenübungsplätzen feststellen. Da wurden Nebelgranaten gezündet, da brannte es mal, wenn mit scharfer Munition geschossen wurde, und da landeten natürlich auch Metallsplitter in den Bäumen. Aber weil dort keine Forst- und Landwirtschaft betrieben wurde, kamen keine Gifte gegen

Insekten, Pilze oder Unkraut zum Einsatz, und daher existiert dort eine erstaunlich üppige Fauna und Flora.

Es wäre jedoch zu simpel, das Insektensterben nur der Land- und der Forstwirtschaft in die Schuhe zu schieben, denn letztendlich ist auch unser Konsumverhalten daran schuld. Ich hatte es schon angesprochen: Obwohl die Lebensmittelpreise in Deutschland ohnehin vergleichsweise niedrig sind, wollen wir Verbraucher – jedenfalls sehr viele von uns – immer *noch* weniger für Gemüse, Obst, Brot und Fleisch ausgeben, und das führt in vielen Fällen erst dazu, dass Landwirte zu radikalen Mitteln greifen, dass sie die zur Verfügung stehenden Flächen ausbeuten und rücksichtslos alles bekämpfen, was den Kulturpflanzen in irgendeiner Form schaden könnte. Ein Umdenken ist dringend nötig. Lebensmittel müssen einen adäquaten Preis kosten. Das bedeutet für mich, dass der Preis es den Landwirten ermöglichen muss, in einer umwelt- und tierwohlgerechten Weise zu produzieren und dabei Gewinn zu erzielen. Nicht jeder kann es sich leisten, nur Lebensmittel in Bioqualität zu kaufen, das ist mir schon klar, aber ein jeder kann in seinem Rahmen einen Beitrag leisten. Ein Schritt ist zum Beispiel, beim Eierkauf auf die aufgedruckten Zahlen und Buchstaben zu achten – eine Null an erster Stelle steht für Bio-Freilandhaltung und damit für artgerechte Tierhaltung. Höhere Preise würden meiner Meinung nach auch dafür sorgen, dass wir unsere Einkäufe besser planen und in der Folge weniger Lebensmittel wegwerfen. Sie erinnern sich? Fast dreizehn Millionen Tonnen landen Jahr für Jahr im Müll …

Als die Krefelder Studie bekannt wurde, nahm ein Penny-Markt in Hannover über Nacht alle Produkte aus dem Regal, bei deren Herstellung in irgendeiner Form Bienen eine Rolle spielen, um auf die Brisanz des Themas aufmerksam zu machen. 1600 der 2500 Artikel verschwanden, mehr als sechzig Prozent! Für Obst und Gemüse braucht es, von wenigen Ausnahmen wie zum Beispiel Ananas abgesehen, Bienen als Bestäuber. Ohne Obst gibt es logischerweise keine Säfte. Auch für Schokolade und Kaffee benötigen wir Bestäuber. Und für Sonnenblumen-, Raps- oder Distelöl. Öl steckt wiederum in vielen Fertiggerichten, also waren auch die weggeräumt worden. Nicht einmal Gummibärchen gab es an jenem Tag, denn die werden mit Bienenwachs überzogen, damit sie nicht zusammenkleben.

Jetzt wird der eine oder andere sagen, Moment mal, wenn es so wenige Insekten und speziell wenige Bienen gibt und die so wichtige Bestäuber für unsere Kulturpflanzen sind, warum gab es dann 2018 so viel Obst? Das hing damit zusammen, dass die Bäume extrem stark geblüht haben, was im Übrigen meistens durch Stress hervorgerufen wird. Stressfaktoren können die Klimaerwärmung oder andere »forstliche Kalamitäten« wie Pilzbefall oder Schadinsekten sein. Dann legen sich die Bäume praktisch noch mal so richtig ins Zeug, um sich gut zu reproduzieren. Und bei extrem vielen Blüten können auch wenige Insekten viel bewerkstelligen. Außerdem halfen in dem Jahr kräftige Winde bei der Bestäubung. Wir können aber nicht damit rechnen, dass das jedes Jahr der Fall ist. Dann müssten wir die Blüten eigenhändig bestäuben oder Wanderimker engagieren. Was übrigens nicht so abwegig ist, wie es sich anhört. In China schwärmen bereits nicht mehr Bienen, sondern Menschen aus, um Ackerfrüchte zu bestäuben – von Hand. Und in den USA reisen Imker mit ihren Bienenvölkern zu den Monokulturen. Wandernde Imker gab es in den USA und auch bei uns schon früher, doch in Amerika hat dieser Berufszweig mittlerweile notgedrungen industrielle Ausmaße angenommen. In der Folge würde hiesiges Obst so teuer, dass es sich nur noch Wohlhabende leisten könnten. Und ein weltweites Verschwinden der Insekten hätte letztlich einen ökologischen Kollaps zur Folge.

Das kurze, aber freudvolle
Leben der Hirschkäfer

Ein Insekt, das mich schon immer fasziniert hat, ist der Hirschkäfer. Als Kind fand ich ihn wegen seiner Größe interessant – ein ausgewachsenes Männchen kann bis zu neun Zentimeter lang werden –, vor allem aber wegen seiner gewaltigen Mandibeln, den zu Kampfwerkzeugen verlängerten Beißzangen im Oberkiefer. Wenn mir damals jemand erzählte, dass er einen Hirschkäfer gesehen hat, bin ich mit meinem Tretroller sofort losgefahren und habe versucht, das Tier ausfindig zu machen.

Es gibt zwei Methoden, Hirschkäfer aufzuspüren. Die eine ist, sich in einer lauen Frühsommernacht in der Dämmerung an den Waldrand zu setzen und zu lauschen. Hirschkäfer schwärmen nämlich in der Regel von Ende Mai bis Ende Juli, und da sie sehr groß sind, machen sie dabei laute Brummgeräusche. Die Männchen sind wegen ihrer langen Mandibeln übrigens so kopflastig, dass sie nie waagerecht, sondern immer leicht aufgerichtet fliegen, damit sie nicht vornüberkippen. Ich war beseelt, wenn ich eines der Tiere gehört und vielleicht sogar gesehen habe. Aber so, wie sie kamen, sind sie auch schnell weitergeflogen, in den Kronenbereich großer Bäume, wo sich ihre Spur verlor. Die zweite Methode ist, unter alten Eichen nach Mandibeln und anderen unverdaulichen Chitinteilen Ausschau zu halten. Die Eiche ist mit großem Abstand der Lieblingsbaum der Hirschkäfer, und das aus zwei Gründen. Die Metamorphose, also die Entwicklung vom Ei bis zum fertigen Käfer, kann bei Hirschkäfern in unseren Breitengraden bis zu sieben Jahre dauern. Da sich die Larven vor allem von moderndem Holz ernähren, brauchen sie über die lange Zeit riesige Mengen davon, und die finden sie bei alten Eichen. Alte Eichen haben durch Blitzschlag, Astabbruch oder andere Verletzungen außerdem einen sehr starken Saftfluss, und Hirschkäfer nehmen als fertiges Insekt zwar keine Pflanzennahrung zu sich – mit dem riesigen Oberkiefer lässt sich gut kämpfen, aber nicht fressen –, schlürfen aber gern Baumsaft und eben speziell den von Eichen. Der süße Eichensaft gärt, und wo was gärt, entsteht Alkohol. Das führt dazu, dass die Hirschkäfer mehr oder weniger ständig beschwipst sind. Außer »saufen« haben sie vor allem Sex im Kopf, und beides zusammen hemmt die Feindwahrnehmung ganz enorm. Das machen sich Fressfeinde wie Spechte oder Krähen zunutze, denn so ein Hirschkäfer ist ein richtig fetter Proteinhappen. Aus all diesen Gründen findet man vor allem unter alten Eichen Überreste von Hirschkäfern.

Als Junge bin ich gern auf alten Eichen herumgeklettert, denn sie sind ein riesiger Mikrokosmos. Unten, am Boden, leben Waldmäuse, in den hohlen Stämmen und ausgehöhlten Astteilen darüber Fledermäuse, der Große Heldbock, Hornissen, höhlenbrütende Vögel wie Spechtmeisen und Spechte … Eigentlich war es schon damals nicht erlaubt, auf alten Bäumen herumzuturnen, es wusste nur niemand. Als Erwachsener befestigte ich mit Erlaubnis der Landesforsten Sachsen-Anhalts eine Hängematte in der riesigen Krone einer alten Eiche und spannte Kletterseile, um über Wochen mehr oder weniger auf dem Baum zu leben. Nach einiger Zeit wird man so ein Teil dieses Lebensraums; viele Tiere, darunter sogar Vogelarten, gewöhnen sich an den neuen Nachbarn und lassen sich nicht mehr von ihm stören. Und genau das wollte ich erreichen, um mit meiner Makrokamera Hirschkäfer filmen und fotografieren zu können. In den ersten Tagen taten Hirschkäfer, wenn ich ihnen zu nahe kam, noch das, was sie immer tun, wenn sie einen Fressfeind – und für so einen hielten sie mich – wahrnehmen: Sie ließen sich auf die Erde fallen. Je nach Untergrund konnte ich den Aufprall bis nach oben hören, wie man sich bei der Größe dieses Insekts leicht vorstellen kann. Dann blieben sie erst einmal wie tot liegen, damit ich, der vermeintliche Käferfresser, sie nicht orten konnte. Es kann mehrere Minuten dauern, bis dann wieder Leben in die Käfer kommt und sie zurück in die Krone krabbeln.

Je länger ich in diesem Baum lebte und je mehr kleine Näpfchen mit Malzbier – mein Ersatz für Eichensaft als Lockmittel – ich aufstellte, desto vertrauter wurden die Hirschkäfer mir gegenüber. Wie sehr die Tiere auf vergorene Säfte reagieren, kann man selbst ausprobieren. Wenn man weiß, dass in einem Gebiet Hirschkäfer vorkommen, zieht man sich ein altes, weites Kleidungsstück an, das wie eine Kutte an einem herunterhängt, stellt sich an einem lauen Sommerabend wie eine Vogelscheuche in Windrichtung an den Waldrand, schüttelt eine Flasche billiges Bier und sprüht sich damit ein. Es wird nicht lange dauern, bis die ersten Hirschkäfer auf einem landen und das Bier ablecken. Ich habe mich für Malzbier entschieden, weil es deutlich weniger Alkohol enthält und ich die Hirschkäfer ja nicht außer Gefecht setzen wollte.

Zwar verbrachte ich nicht 24 Stunden im Baum – ich schlief nachts in einem Zelt auf dem Boden, kochte mir dort unten Kaffee oder ein warmes Essen und fuhr alle paar Tage ins nächste Dorf, um Lebensmittel und Wasser für mich und Cleo zu holen –, aber es war eine höchst intensive Zeit, und ich bekam unglaublich engen Kontakt auch zu anderen Waldbewohnern. Immer wieder kamen Wildschweine vorbei, mal ein Fuchs, verschiedene Spechte, Eichelhäher, in Deutschland seltene und gefährdete Vogelarten wie der Wiedehopf, der Pirol oder der Ziegenmelker. Letzterer ist einer von nur zwei in Europa vorkommenden Vertretern aus der Familie der Nachtschwalben.

Irgendwann hatten sich auch die Hirschkäfer derart an mich gewöhnt, diesen großen Schatten, der da jetzt immer in ihrem Reich unterwegs war, dass sie mich schlicht ignorierten. So konnte ich sie aus nur dreißig Zentimeter Entfernung beobachten, und mir gelangen die weltweit einzigen Filmaufnahmen, die über einen längeren Zeitraum, nämlich über drei Monate, das Leben des Hirschkäfers aus nächster Nähe dokumentierten. Dieses Leben ist kurz, vor allem im Vergleich zu der jahrelangen Metamorphose, aber ereignisreich. Die Männchen konkurrieren in einer Art Ringkämpfen um die Weibchen: Sie umklammern sich mit ihren Mandibeln und versuchen den Mitbewerber mit einem Überkopfwurf vom Baum zu hebeln. Sumoringen auf Hirschkäferart. Dabei sind sie nicht zimperlich, das Aneinanderprallen der Mandibeln und das Knacken der Flügeldecken, wenn sich zwei Kontrahenten in die Zange nehmen, ist noch in einigen Metern Entfernung zu hören. Wer abstürzt, hat einen langen Weg zurück in den Ring, denn sie krabbeln nach oben, statt zu fliegen. Bei der anschließenden Paarung legt der Sieger seine Greifwerkzeuge um das auserkorene Weibchen, diesmal schützend, denn auf diese Weise fängt er mit seinem Rücken die Hiebe der spitzen Schnäbel von Spechten, Eichelhähern, Krähen und anderen Fressfeinden ab. Nach etwa vier Wochen naht für ihn das Ende. Das Weibchen lebt etwas länger, insgesamt ungefähr acht Wochen, denn es muss noch seine Eier ablegen – was letztlich Sinn und Zweck des Ganzen ist.

Wir und der Wald

Was ist eigentlich der Wald für uns? Für die einen ist er ein beinahe mystischer Ort, in dem unsere Sagen und Märchen spielen. Ohne Wald wären Hänsel und Gretel nicht in die Fänge der Hexe geraten und Rotkäppchen nicht beinahe von einem Wolf gefressen worden. Dunkel, ohne Licht, durchzogen von Nebelschwaden stellt man sich einen solchen »Märchenwald« vor, in dem hinter jedem Baum Gefahren lauern. Andere haben bei dem Stichwort Wald ein romantisch verklärtes Bild vor Augen mit jahrhundertealten majestätischen Eichen und Buchen, durch deren mächtige Kronen sich Sonnenstrahlen ihren Weg zum Boden suchen, wo sie ihr Licht auf Waldblumen, Farne oder Pilze werfen, die in harmonischer Symbiose leben. Für wieder andere ist er ein Erholungsort, in dem sich gut entspannen lässt, oder – und das ist relativ neu – ein ökologisch wertvolles Stück Natur, das es unbedingt zu schützen gilt. So wurden die jahrelangen Baumbesetzungen im Hambacher Forst und der Kampf der Aktivisten gegen die Abholzung 2019 auch zum Symbol der Fridays for Future-Bewegung. Und wieder andere sehen den Wald ganz nüchtern einfach nur als Sauerstoff- oder Holzlieferanten. Wenn man Menschen fragt, was der Wald für sie ist, steht in der Tat für viele der ökologische Nutzen weit im Vordergrund. Wenn ich bei mir in der Eifel von jemandem wissen will, was der Wald für ihn bedeutet, werden von den Älteren über neunzig Prozent sagen: »Da bekomme ich mein Brennholz her.« Das war schon immer so, und das war ja über sehr lange Zeit hinweg auch ganz wichtig. Der Wald wärmt zwei Mal, lautet eine Redensart, das erste Mal beim Brennholzmachen und ein zweites Mal beim Verfeuern des Holzes.

Oft werde ich gefragt, was ich vom sogenannten Waldbaden halte. Dann weiß ich nie so recht, was ich antworten soll. In Japan, wo das Waldbaden *(Shinrin-yoku)* erfunden wurde, wird es sogar vom staatlichen Gesundheitswesen gefördert. In der *Zeit* vom 17. April 2018 habe ich gelesen, dass in Japan bereits vor vierzehn Jahren das erste Zentrum für »Waldtherapie« eröffnet wurde, dass japanische Universitäten inzwischen eine fachärztliche Spezialisierung in »Waldmedizin« anbieten und dass das japanische Landwirtschaftsministerium ein millionenschweres Forschungsprogramm fördert, um die medizinische Wirkung des Waldbadens nachzuweisen. Die ätherischen Öle, die die Bäume in die Luft abgeben und die wir bei einem Aufenthalt im Wald einatmen, sollen unser Immunsystem stärken, Ängste und Depressionen verringern, Stress abbauen. Ein Spaziergang im Wald senke Blutdruck, Kortisol und Puls. Das mag ja alles sein, ich selbst fühle mich im Wald ja auch wohl und merke, wie ich entspanne und den Kopf freibekomme. Aber zum einen frage ich mich, warum das nur im Wald und nicht auch im Stadtpark funktionieren soll (und weshalb man die positiven Effekte eines Waldspaziergangs unbedingt wissenschaftlich überhöhen muss), zum anderen reduziert es den Wald auf seine Pflanzen und verklärt ihn zu einer Art Wellnessoase. Der Wald ist aber ein komplexes Ganzes, in dem neben Pflanzen auch Rehe, Hirsche, Wildschweine, Waldhasen, Füchse, Vögel, Mäuse und allerlei andere Tiere leben, und das bedeutet, dass es auch ganz banal um Fressen und Gefressenwerden in der Fauna geht. Richtiges »Waldbaden« ist für mich demnach, das gesamte Leben im Wald wahrzunehmen, auch mal zum Beispiel einen Vogel dabei zu beobachten, wie er einen Käfer verspeist.

Für mich war der Wald immer schon ein Sehnsuchtsort. Ich habe von klein auf eine starke Prägung durch den Wald erfahren. Als Kind natürlich unbewusst. Es war für mich und meine Freunde etwas völlig Natürliches, im Wald zu spielen und auf Bäume zu klettern. Als ich als kleiner Junge das erste Mal mit meiner Mutter zu unserer Verwandtschaft nach Leipzig fuhr und die riesigen landwirtschaftlichen Nutzflächen sah, diese Mega-Äcker von unvorstellbarer Größe, die bis zum Horizont reichten, war ich entsetzt. Ich fragte meinen Cousin in Leipzig, wo spielst du überhaupt? Er antwortete, na ja, hier auf der Straße. Die Vorstellung, auf der Straße spielen zu müssen statt im Wald, jagte mir einen gewaltigen Schrecken ein. Für mich war der Wald zudem ein Ort, an dem ich Tiere beobachten konnte, an dem ich das Gefühl hatte, meiner Fantasie, meiner Abenteuerlust und Entdeckerfreude freien Lauf lassen zu können; ein Ort, der es mir erlaubte, in die größtmögliche Unabhängigkeit einzutauchen, die mir zur Verfügung stand. Und er war ein Zufluchtsort, an den ich mich zurückziehen konnte, an dem ich meine Ruhe hatte vor dem tyrannischen Stiefvater, vor den älteren Schülern, die mich schikanierten – heute würde man »mobben« sagen. Der Wald war ein Ort, wo ich mich geborgen fühlte. Deshalb hat mich der Wald nie geängstigt, und je mehr ich mich mit ihm beschäftigte, desto angenehmer fand ich es, in ihm zu leben und meinen Leidenschaften nachzugehen. Und je mehr ich dort erlebte, desto vertrauter wurde er mir. Ich habe vom Wald auch unglaublich viel gelernt, habe aus der Komplexität des Waldes verstanden, wie unsere natürliche Welt – die Welt der Natur, der Pflanzen und der Tiere – funktioniert. Das hat mich fasziniert und hat mich letztendlich zu dem gemacht, was ich geworden bin: ein Naturfilmer und -fotograf.

Es gibt einige überraschende Fakten zum deutschen Wald. Wenn man ein paar Jahrhunderte in der Geschichte unserer Wälder zurückginge, in eine Zeit, als es wärmer war, würde man sich in sehr vielen Gegenden in einem sehr lichten, freundlichen Wald wiederfinden. Um 1300 bestanden nämlich zwei Drittel unserer Wälder – mit Ausnahme jener im Alpenraum – aus Laubhölzern, hauptsächlich Buche und Eiche. Und wenn man sich alte Beschreibungen oder die allerersten topografischen Landkarten anschaut, die etwa um 1800 angefertigt wurden, wird man feststellen, dass oftmals nur in den Tälern Wälder eingezeichnet waren, auf den Gebirgskuppen hingegen nur ein sehr niedriger Bewuchs, der vermutlich aus Heidekräutern, Schlehen, Weißdornen und Ähnlichem bestand. Heute ist beinahe ein Drittel unserer Landfläche von Wald bedeckt, und in diesen Wäldern stehen neunzig Milliarden Bäume – tausend Bäume pro Einwohner! Der geringste Teil unserer Wälder ist jedoch Urwald. Urwaldartige Überbleibsel gibt es in Deutschland nur noch auf wenigen, sehr kleinen Flächen, so zum Beispiel im Nationalpark Hainich, einem der letzten naturbelassenen Buchenwälder Deutschlands, oder in einigen Schluchten des Nationalparks Bayerischer Wald. Der Buchenwald Grumsin nördlich von Eberswalde ist sogar UNESCO-Weltnaturerbe. Ein Nationalpark ist aber nicht zwangsläufig ein Urwald; Nationalparks können von der Grundlage her ganz unterschiedlich sein. Das extremste Beispiel ist für mich der Nationalpark Eifel, der mal ein belgischer Truppenübungsplatz war. Durch seine Landschaft, seine Lage und auch seine Geschichte hat er einen ganz besonderen Wert, doch wenn man durch seine Wälder streift, hat man keinesfalls das Gefühl, sich in einem Urwald zu befinden.

Andere Staaten mögen zwar mehr Wald haben, in Schweden etwa sind mehr als doppelt so viele Quadratkilometer (gut 280.000) von Wald bedeckt, und sie mögen mehr Bäume haben, aber in unseren Wäldern ist mehr Holz: 3,7 Milliarden Kubikmeter misst unser Gesamtvorrat an Holz, das ist mehr als in jedem anderen Land der Europäischen Union. Deutschland ist sozusagen Waldmeister. Als Arbeitgeber sind unsere Wälder ein immens wichtiger Faktor, denn die Forst- und Holzwirtschaft beschäftigt mit 1,1 Millionen Arbeitnehmern mehr Menschen als die Automobilindustrie. Deutschland ist auch der Erfinder der nachhaltigen Forstwirtschaft. Während man in anderen Ländern den Wald einfach genutzt, seine Bäume gefällt und ihn dann sich selbst überlassen hat, sodass er sich von allein regenerieren musste, hat man in Deutschland sehr zeitig damit begonnen, den Wald nach einem Einschlag wieder aufzuforsten. Das erste große Wiederaufforstungsprogramm dürfte dasjenige im Schwarzwald gewesen sein.

Der Schwarzwald gilt als *der* deutsche Wald schlechthin. Er ist bekannt für seine riesigen dichten und immergrünen Wälder. Der Name »schwarzer Wald« geht auf die Römer zurück und lässt vermuten, dass sie sich zwischen den vorherrschenden hohen dunklen Tannen nicht so recht wohlfühlten. In der Tat hat man den Eindruck, dass es ein sehr düsterer Wald ist, finster und kalt, wie in dem Film *Gladiator* mit Russell Crowe. Dasselbe Empfinden stellt sich ein, wenn man durch den Thüringer Wald fährt, ebenso in Teilen des Erzgebirges. Die Eifel zum Beispiel oder der Hainich mit ihren Mischwäldern wirken dagegen freundlich und hell. Treffender wäre für den Schwarzwald eigentlich die Bezeichnung »Weißwald«, da die Weißtanne der Charakterbaum des Schwarzwalds ist. Als die Römer zu uns nach Germanien kamen, war Deutschlands größtes zusammenhängendes Mittelgebirge jedenfalls fast zur Gänze von Wald bedeckt. Doch dann wurden immer mehr Flächen gerodet, um Weide- und Ackerland zu gewinnen, und immer mehr Bäume gefällt, um den ständig steigenden Bedarf an Holz zu decken. Man brauchte es unter anderem für den Erzbergbau, um die Stollen abzustützen, für die Herstellung von Holzkohle und Glas, für den Bau von Flößen, Schiffen und Gebäuden. Tannen aus dem Schwarzwald wurden bei der Errichtung des Doms in Speyer und des Straßburger Münsters verwendet, und zahlreiche historische Pfahlbauten in Amsterdam ruhen auf Schwarzwaldtannen.

Mitte des 19. Jahrhunderts war vom Schwarzwald nicht recht viel mehr als der Name übrig. Was war zu tun? Die Antwort fand man in Fichte und Kiefer. Man stellte fest, dass diese Bäume schneller wachsen als die Tanne, dass sie vergleichsweise anspruchslos sind und außerdem eine bessere Stabilität haben, man mit dem Holz also schnell viel Geld verdienen konnte. Und so wurde der Schwarzwald mit Fichten und Kiefern aufgeforstet. Bis heute sind die größten Bestände im Schwarzwald daher nicht, wie man annehmen könnte, Tanne, sondern eben Fichte und Kiefer. Der moderne Schwarzwald samt dem kleinen Nationalpark Schwarzwald ist also, auch wenn er mit seinen tiefen Tälern und Schluchten »wild« aussieht, letztlich eine große Plantage. Dennoch hat er, das muss man ganz klar sagen, dank seiner vereinzelten Rotbuchenbestände, der romantischen Berge und der tollen Ausblicke durchaus seinen Charme.

Das Leben und Sterben von Bäumen

Bäumen wachsen, wie Babys und Kleinkinder, anfangs sehr schnell. Wenn ich in den Wald gehe, in dem ich selbst vor dreißig Jahren Bäume gepflanzt habe oder in dem eine Naturverjüngung stattfand – so nennt man es, wenn Bäume auf natürliche Art und Weise über ihre Früchte aussamen –, denke ich jedes Mal, Donnerwetter, schon so groß. Irgendwann verlangsamt sich das Wachstum, im Gegensatz zu uns Menschen hört es aber nie ganz auf. Bäume wachsen immer weiter, zumindest theoretisch, denn in der Praxis sind dem Wachstum Grenzen gesetzt, wenn es das Wasser nicht mehr von den Wurzeln bis zur Wipfelspitze schafft. Nach einer Studie amerikanischer Biologen können Bäume daher maximal 130 Meter hoch werden. Das höchste bekannte Exemplar ist mit 116 Metern ein Küstenmammutbaum im kalifornischen Redwood-Nationalpark.

Ohne Wasser, das lebenswichtige Nährstoffe aus dem Boden in Stamm, Äste, Zweige und Blätter transportiert, könnten Bäume nicht so groß und mächtig werden und das so harte Holz bilden. Wobei das Wasser nicht ihr einziger Nährstofflieferant ist, denn sie werden auch von der Luft verköstigt. Ein wichtiger Nährstoff aus der Luft ist beispielsweise Ammoniak. Daran besteht heutzutage wahrlich kein Mangel, denn Ammoniak entsteht durch die Zersetzung von Gülle und organischen Stoffen, und Gülle fällt in unseren riesigen

Schweine-, Rinder- und Geflügelmästereien mehr an, als uns lieb ist. Ein Zuviel an Ammoniak ist jedoch auch für Pflanzen nicht gut. Ein anderer wichtiger Nährstoff, den Bäume und generell Pflanzen aus der Luft ziehen, ist CO_2. Auch daran herrscht alles andere als Mangel, speziell in den Industriestaaten. Aufgrund dieser speziellen Dünger aus der Luft haben unsere Wälder, vor allem die Laubwälder, einen deutlich höheren Holzzuwachs pro Hektar.

Trotz ihres theoretisch unbegrenzten Wachstums haben Bäume, so wie wir Menschen und so wie Tiere, eine »Blütezeit des Lebens«. In dieser Phase bilden sie am meisten Samen und Blüten aus. Danach fangen sie langsam an, hohle Äste zu erzeugen, von denen einige abbrechen. An diesen Bruchstellen und an anderen »Wunden« dringen Pilze, Insekten und Krankheitserreger ein. Irgendwann fängt bei manchen Arten der Baum von innen her an abzusterben, während weiterhin ein Wasser- beziehungsweise Nährstofffluss in der Hülle die Äste versorgt. Insofern wirken die Bäume von außen noch sehr vital, während sie innen zum Teil schon tot sind.

Im Leben eines Baumes spielen weitere Faktoren eine große Rolle: Wie ist die Bodenbeschaffenheit, wie viel Wasser kann sich der Baum aus dem Boden holen, wie viel Sonnenlicht bekommt er ab, wie stark ist die Konkurrenz und dergleichen mehr. Ein Jungbaum in einem dunklen Wald bleibt zum Beispiel oft zwergwüchsig. Bis irgendwann ein alter Nachbar umfällt und er quasi aus dessen Schatten heraustreten kann. Es sind hochinteressante Prozesse, die sich da abspielen: wie viel Zeit die Natur sich nimmt, um etwas voranzutreiben. Oder dass sie eben auch abwartet, bis die Zeit gekommen ist. Und für andere kommt die Zeit nie, etwa weil ein Waldbrand wütet oder ein Sturm, weil es auf einmal zu wenige Beutegreifer und in der Folge zu viele Pflanzenfresser gibt.

Es ist wichtig, dieses Werden und Vergehen in einem Wald zu kennen, um zu begreifen, wie das Ökosystem Wald funktioniert und *dass* es funktioniert – wenn man es lässt. Im Gegensatz zu einem reinen Nutz- oder Wirtschaftswald, der eigentlich nichts weiter ist als ein Maisacker oder ein Rübenfeld, bloß dass zwischen Aussaat und Ernte nicht nur eine Vegetations- oder Fruchtperiode liegt, sondern sechzig, achtzig oder vielleicht auch zweihundert Jahre: Die sogenannte Umtriebszeit – die Zeit zwischen Anpflanzung und Holzeinschlag – liegt bei unseren »Brotbäumen«, der Fichte und der Kiefer, bei achtzig bis 120 beziehungsweise 140 Jahren.

Wobei Bäume deutlich älter werden können. Gern wird in Dörfern oder kleinen Ortschaften behauptet, dass die Linde auf dem Dorfplatz stolze tausend Jahre alt sei. Die Dorflinde war früher der Treffpunkt, an dem man Neuigkeiten austauschte und das Dorfgericht abgehalten wurde, weshalb man sie auch »Gerichtsbaum« nennt. Die älteste Linde Deutschlands dürfte in Schenklengsfeld wenige Kilometer südöstlich von Bad Hersfeld stehen. Allerdings gibt es höchst unterschiedliche Annahmen, was ihr Alter angeht. Sie reichen von mindestens sechshundert bis 1200 Jahre. Deutschlands wohl älteste Eibe – zwischen achthundert und mindestens tausend, vielleicht sogar zweitausend Jahre alt – steht bei Balderschwang im Allgäu, die vermutlich älteste Eiche (zwischen sechshundert und 850 Jahren) im Kreis Borken oder aber im Altenburger Land (geschätzte 1200 Jahre alt) in Thüringen.

Das sind ziemliche Bandbreiten, und man mag sich fragen, warum nicht eine Kernbohrung gemacht wird und die Jahresringe gezählt werden. Je nach Art sind jedoch sehr alte Bäume, wie schon erwähnt, innen meist komplett hohl oder bestehen nur noch aus Mulm. Das ist bei Eichen in der Regel so. Die Eibe in Balderschwang hat zwei »Teile«, die aussehen wie eigenständige Stämme. Man weiß aber nicht, ob es zwei eigenständig gewachsene Stockausschläge aus ein und derselben Wurzel sind oder Teile *eines* Stammes, dessen Mitte weggefault ist. Bei Ersterem wäre sie eher »nur« achthundert, bei Letzterem mindestens tausend Jahre alt. Die Schenklengsfelder Linde hat vier Teile, was die Datierung auch nicht einfacher macht. In der Mitte der vier Teile steht ein Stein mit der Inschrift »Gepflanzt im Jahre 760«, aber es gibt keinen Nach-

weis, wann der Stein angebracht wurde. Es ist also nicht aus-
zuschließen, dass die Inschrift auf eine falsche Überlieferung
zurückgeht.

Nicht bei allen Baumarten ist »etwas faul«, und dann kann
eine Bohrkernprobe Aufschluss über das Alter geben. Der
Rekordhalter ist demnach höchstwahrscheinlich eine Langle-
bige Kiefer im Inyo National Forest in den USA Rekordhalter:
Sie ist 5070 Jahre alt!

Wirtschaftsfaktor Wald

Zu Beginn der Forstwirtschaft und über viele Jahrzehnte waren Monokulturen das A und O. In Brandenburg zum Beispiel gab es riesige Kiefernplantagen – als Wald konnte man das eigentlich gar nicht mehr bezeichnen. Sie wurden einzig und allein dazu angelegt, den Rohstoff für Spanplatten zu liefern, für die ehemalige DDR ein wertvoller Exportartikel. Schon nach vierzig, fünfzig Jahren konnten die schnell wachsenden Bäume gefällt, zu Chips geschreddert und dann zu Spanplatten gepresst werden. Vor allem Ikea hatte mit seinem Bücherregal Billy und anderen Klassikern dafür gesorgt, dass europaweit sehr viel Kiefernholz verarbeitet wurde.

Inzwischen weiß man, dass diese Monokulturen den Boden auslaugen, weil so gut wie kein Humus entstehen kann. Humus ist eine Schicht aus hauptsächlich abgestorbenen Pflanzenteilen sowie Tieren und Mikroorganismen. Nadelbäume bilden kaum Humus, weil sie ihre Blätter, also die Nadeln, selten abwerfen und diese zudem sehr klein sind. Die Nadeln und sonstigen Teile wie Zweiglein oder Äste enthalten zudem reichlich Wachs und Harz, was sich nur extrem langsam zersetzt. Wenn man im Sommer durch einen Kiefern- oder einen Fichtenwald geht, wird man außerdem feststellen, dass es dort sehr trocken ist, was die Zersetzung ebenfalls nicht fördert. In einem Laub- oder Mischwald mit einem sehr hohen Laubholzanteil herrscht dagegen ein ganz anderes Klima. Die Luft ist feuchter und atmet sich viel besser.

Die Monokulturen führen darüber hinaus zu Erosions-
schäden am Boden und begünstigen forstliche Kalamitäten
wie Schneebruch, Sturmschäden und hohen Schädlingsbefall.
Einer der gefährlichsten Forstschädlinge ist der Borkenkäfer,
insbesondere zwei Arten davon mit eigentlich witzigen Namen:
Buchdrucker und Kupferstecher. Speziell Fichtenmonokulturen
schaffen optimale Borkenkäferbiotope, auch in den naturbelassenen Fichtenwäldern des Nordens. Nach langen Hitze- oder
Trockenperioden und/oder wenn es viel Schneebruch oder
Frost- und Sturmschäden gab, vermehren sich Buchdrucker
und Kupferstecher explosionsartig, da Wärme die Entwicklung
beschleunigt und sie in »Bruchmaterial« beste Brutstellen finden. In Monokulturen haben sie dazu noch kurze Wege von
der einen zur nächsten Fichte. Monokultur heißt auch, dass
es wenig natürliche Feinde des Borkenkäfers gibt, sowohl was
deren Zahl als die Artenvielfalt angeht. In einem abwechslungs-
reichen Mischwald wird man hingegen zahlreiche unterschied-
lichste Gegenspieler finden, die den Bestand des Forstschäd-
lings regulieren, indem sie sich wahlweise über die Eier, die
Larven oder die ausgewachsenen Käfer hermachen. Das können Viren, Bakterien, Pilze, Milben, andere Käfer beziehungsweise Insekten oder Vögel, darunter vor allem Spechte, sein.

Seit Jahren rückt man daher von den Monokulturen ab und
strebt eine nachhaltige Forstwirtschaft an, die darauf abzielt,
dass sich der Wald selbst regeneriert und verjüngt. Ein Vorbild
sind sogenannte Plenterwälder, die es im Alpenraum durchgehend seit vielen Jahrhunderten gibt, während diese Tradi-
tion im Rest Deutschlands im 19. Jahrhundert dem Kahlschlag
wich. Heute findet man Plenterwälder außer im Allgäu auch
wieder im Schwarzwald, im Bayerischen Wald und in Thüringen. Ob »plentern« von »plündern« kommt, wie manche sagen, oder doch eher auf das althochdeutsche »blantan«
(= mischen) oder das französische »planter« (= pflanzen, setzen, anbauen) zurückgeht, weiß keiner so genau. »Plündern«
trifft es jedoch am wenigsten, denn Plentern ist eine bewusste
und nachhaltige Bewirtschaftung des Waldes. Tatsache ist,

dass man aus einem Plenterwald immer nur alte Bäume herausschlägt, sodass die jungen sozusagen ihre Chance ergreifen und schnell hochwachsen können – quasi ein Naturwald, bei dem der Mensch nachhilft. Wobei darauf geachtet wird, dass der Waldboden durchgehend beschattet und somit vor Wind und Wetter geschützt ist.

Diese Methode ist allerdings sehr aufwendig, da man die gefällten Stämme vorsichtig »rücken« muss, um die Rinde der umstehenden jungen Bäume nicht zu verletzen. Das ist im Übrigen ein großes Problem der herkömmlichen Forstwirtschaft: Man zieht Stämme mit dem Schlepper raus, wodurch der Boden verdichtet und außerdem häufig die Rinde der zurückgebliebenen beschädigt wird. Gegen kleinere Wunden in der Rinde können sich Bäume durch Harzen schützen, doch wenn ihre Schutzschicht größere Verletzungen erleidet, können Bakterien und Schadinsekten ungehindert in den Stamm eindringen. Das sieht man die ersten Jahre nicht, aber wenn der Baum dann irgendwann hiebsreif ist und gefällt wird, erkennt man, dass der Stamm innen »rotfaul« ist. Die Rotfäule kann bis zu einer Höhe von dreieinhalb Metern reichen – praktisch wertloses Holz.

Die große Frage ist, wie sich nachhaltige Waldwirtschaft mit dem Wirtschaftsfaktor Wald und seinen 1,1 Millionen Arbeitsplätzen vereinbaren lässt. Und wie denn dann die Nachfrage befriedigt werden soll, zumal der Bedarf an Holz zum Bau von Möbeln, Häusern oder Schiffen ja durch Nachhaltigkeit nicht weniger wird. Ich gehe daher davon aus, dass die Fichte trotz allem als Wirtschaftsbaum noch lange nicht tot ist.

Wenn man mich allerdings fragen würde: »Was sind für Sie die Bäume der Zukunft? Welche Bäume sollen wir pflanzen?«, würde ich drei Arten nennen, auf die vermutlich die wenigsten kommen würden: Wildkirsche, Walnuss und Edelkastanie. Die Wild- oder Vogelkirsche ist ein sehr robuster Baum, aus dem man tolles Furnier und dekorative Möbel machen kann. Die gute alte Walnuss ist ein extrem widerstandsfähiger Baum mit einer sehr schönen, großen Krone, der auch große Trockenheit aushält. Allerdings wächst die Walnuss in den ersten Jahren ausgesprochen langsam. Ihr schweres und stabiles Holz eignet sich ebenfalls zur Herstellung von Furnieren und Möbeln, jedoch nur für den Innenbereich, da es nicht sehr witterungsbeständig ist. Vom dritten Baum kennen die meisten von uns nur die Früchte, die Maronen oder Maroni, die auf dem Weihnachtsmarkt so gut schmecken und so schön die Hände wärmen. Die Edel- oder Esskastanie ist wie der Walnussbaum sehr trockenresistent und nimmt viel CO_2 auf. Das äußerst witterungsbeständige Holz wird oft in Weinbergen, auf Spielplätzen und bei der Hangverbauung in den Alpen eingesetzt, kann aber ebenso gut für den Bau von Möbeln verwendet werden. Und wenn es unbedingt ein Nadelbaum sein soll, würde ich auf robuste Kiefernarten aus dem Mittelmeerraum setzen.

Viele Forstleute halten hingegen die Robinie für den Baum der Zukunft. Tatsächlich spricht einiges für diese Pflanze: Die Robinie oder Scheinakazie wächst schnell, vermehrt sich durch Samen und Wurzelausläufer, man muss sie also nicht »setzen«, sie nimmt viel CO_2 auf und hat ein sehr hartes und witterungsbeständiges Holz. Und nebenbei liefert sie noch den Grundstoff für Akazienhonig. Die Robinie hat jedoch zwei immense Nachteile. Zum einen ist ihre Blütezeit sehr kurz. Wenn man nun also viele Robinien pflanzt, wodurch automatisch die Zahl anderer Bäume abnimmt, können die Bienen zwar zwei, drei Wochen im Überfluss schwelgen, doch danach ist Schmalhans Küchenmeister. Das andere Manko ist, dass überall dort, wo es viele Robinien gibt, in relativ kurzer Zeit die Biodiversität stark zurückgeht.

Zur Ehrrettung der Förstergilde muss gesagt werden, dass es schon immer Förster gab, die ökologisch und nachhaltig dachten. Das nutzt allerdings dann wenig, wenn der Waldbesitzer nur an dem Gewinn interessiert ist, den der Wald abwirft. Ich kenne einen Privatwaldbesitzer, der seinem Jagdaufseher befahl, die Schwarzspechte im Revier zu schießen, und der auch selbst Jagd auf die Tiere machte, weil sie ihm angeblich die Bäume kaputt hackten und zu viele der nützlichen Ameisen wegfraßen. Der Bestand des Schwarzspechts, mit bis zu fünfzig Zentimeter Länge vom Kopf bis zur Schwanzspitze die größte Spechtart in unseren Breiten, gilt zwar zurzeit nicht als bedroht, doch er ist auf Bäume mit dicken Stämmen angewiesen, da er seine Nesthöhle bis zu einem halben Meter tief in den Stamm hämmert. Das Fällen nur alter Bäume, wie es typisch für das Plentern ist und eigentlich als nachhaltig gilt, ist, das nur nebenbei, für den Schwarzspecht also von Nachteil, weil man ihn seiner Brutmöglichkeiten beraubt. Der Waldbesitzer jedenfalls wurde vor einigen Jahren dabei beobachtet, wie er mit Schrot auf einen Schwarzspecht schoss, und auch angezeigt, die Sache verlief aber im Sand, weil Aussage gegen Aussage stand – die Aussage eines adligen Großgrundbesitzers gegen die Aussage eines einfachen Naturfreunds.

Kraftwerk Wald

Der Zweck des Waldes und der Bäume ist es aber nicht, von Menschen genutzt zu werden. Seine eigentlichen Funktionen sind ganz anderer Natur, unter anderem Tieren einen Lebensraum sowie Schutz zu bieten. Früher bedeutete der Wald auch für die Menschen oft Schutz. Wenn feindselige Horden oder fremde Armeen ins Land einfielen, versteckten sich ganze Dorfgemeinschaften im Wald.

Wälder, insbesondere Laub- und Mischwälder, sind außerdem der größte Kohlenstoffspeicher der Erde, sie binden Kohlendioxid (CO_2) und produzieren Sauerstoff, sie speichern einerseits Wasser in ihren Böden und verdunsten andererseits welches über die Blätter und Nadeln ihrer Bäume und anderer Pflanzen und wirken so regulierend auf die Temperatur und die Niederschlagsmengen, also auf das Wetter ein – auf das regionale wie auch das globale. Das im Boden versickerte und dort nicht von Wurzeln aufgenommene Wasser füllt entweder das Grundwasser auf oder sammelt sich zu Rinnsalen, die in Bäche einmünden, die sich zu kleineren Flüssen vereinen, die in größere Flüsse fließen … Im Nadelwald allerdings ist der Unterboden recht trocken, und wenn die Bäume sehr eng stehen, gibt es kaum Bodendecker. Die Nadeln selbst geben so gut wie keine Feuchtigkeit ab und sind auch keine großen Sauerstoffproduzenten. Das heißt, ein reiner Nadelwald ist ökologisch gesehen recht wertlos, ganz anders als der Laubwald. Daher ist ja auch der Amazonas die »Lunge der Welt« und nicht die Taiga.

Fotosynthese ist das Schlüsselwort. Bei diesem biochemischen Prozess werden CO_2 und Wasser mithilfe von Licht und Chlorophyll in Traubenzucker und Sauerstoff umgewandelt. Es gibt Hochrechnungen, dass eine einzige hundertjährige Buche pro Stunde etwa 1,7 Kilogramm Sauerstoff aus den Spaltöffnungen ihrer Blätter abgeben kann – genug, damit fünfzig Menschen eine Stunde atmen können. Dies gilt allerdings nur bei idealen Wetterbedingungen, in Deutschland beispielsweise nur zur Mittagszeit im Sommer, wenn die Sonne in einem Winkel von 60 bis 65 Grad steht, und natürlich auch nur, wenn die Buche eine ausladende Krone mit ungefähr einer Million Blätter hat. Außerdem bindet eine ausgewachsene Buche – ebenso eine Eiche oder eine Kastanie – pro Tag zwischen dreizehn und achtzehn Kilogramm des Klimagases CO_2 und verdunstet bis zu dreihundert Liter Wasser. Kein Wunder, dass es selbst in heißesten Sommern in einem Laubwald angenehm kühl ist.

Im Herbst schaltet das Kraftwerk Wald naturgemäß auf Sparflamme, und die Laubbäume gehen in eine Art Winterruhe. Wenn es kühler wird und die Tage kürzer werden, fahren sie die Fotosynthese zurück, indem sie das wertvolle Chlorophyll aus den Blättern ziehen, um es bis zum Frühjahr in anderen Teilen des Baums einzulagern, zum Beispiel in den Wurzeln. Ist das grüne Chlorophyll aus den Blättern verschwunden, kommen die anderen Farbpigmente zur Geltung: die gelblichen bis rötlichen Carotinoide und die kräftig roten Anthozyane. Außerdem werden die Blätter nicht mehr mit Wasser versorgt. Stattdessen schickt der Baum sogenannte Phytohormone zu den Blattstielen, wo sie ein Trenngewebe bilden und so eine Art Sollbruchstelle erzeugen, an der die Blätter abbrechen. Wenn nämlich der Boden gefriert und der Baum daher kein Wasser mehr über die Wurzeln »nachtanken« kann, die Blätter aber weiterhin Wasser verdunsten würden, wäre der Baum zum Austrocknen verdammt. Könnte man dank eines Zeitsprungs zwei frisch gefällte Bäume derselben Art nebeneinanderlegen, von denen einer im Sommer, der andere aber im Winter gefällt wurde, würde man auf den ersten Blick sehen, dass das Holz des »Sommerbaums« so nass ist, dass es regelrecht tropft. Das Stammholz des »Winterbaums« würde hingegen wie schon leicht getrocknet wirken, und in der Tat ist es auch so. Der »Sommerbaum« ist allein aufgrund des höheren Wassergehalts geschätzt zweieinhalbmal so schwer wie das »Winterexemplar«.

Das Laub abzuwerfen ist also ein Schutzmechanismus. Allerdings gibt es auch Bäume wie die Weißbuche oder die Eiche, die ihre trockenen Blätter oft bis zum Frühjahr behalten. Warum das so ist, weiß man nicht, vermutlich bildet das von Schnee bedeckte Laub dieser eher buschigen Pflanzen einen Kälteschutz.

Falls Sie sich nun fragen: Moment mal, es gibt doch auch ein paar Pflanzen, deren Blätter immer grün sind. Was ist denn mit denen? Rhododendren, Liguster, Efeu, Brombeere und andere immergrüne Pflanzen bilden im Herbst sehr viel »Frostschutz«. Statt Zucker (Glucose) stellt die Pflanze Zuckeralkohol (Glycerin) her und zerlegt Stärke in Glucose. Dadurch steigt die Anzahl der Moleküle im Gewebe stark an, und je mehr Moleküle, desto niedriger der Gefrierpunkt. Die immergrünen Pflanzen können zwar sehr viel Frost ab, doch anhaltende eisige Kälte setzt auch ihnen zu.

Nadelbäume werfen ebenfalls ihre »Blätter« ab, allerdings erst, wenn die Nadeln mehrere Jahre alt sind, und auch dann entledigen sie sich nicht aller auf einmal. Es ist wie mit Haaren: Es fallen ständig welche aus, wachsen aber auch immer welche nach. Nadelbäume kommen aus mehreren Gründen grün durch den Winter. Zum einen sind ihre Nadeln durch eine feste Oberhaut und zusätzlich oft durch eine Wachsschicht vor Kälte und zu starkem Feuchtigkeitsverlust geschützt. Zum anderen sorgt die geringe Oberfläche der Nadeln dafür, dass deutlich weniger Wasser verdunstet als bei »normalen« Blättern.

Eine Ausnahme unter den Nadelbäumen ist die Lärche. Sie war ursprünglich im Gebirge heimisch, und um in den dort typischerweise sehr kalten Wintern nicht zu verdursten, entkleidet sie sich jeden Herbst. Betastet man die Nadeln, merkt man sofort, dass sie viel weicher und biegsamer sind als die einer Fichte, Tanne oder Kiefer. Probieren Sie es einfach einmal aus, und befühlen Sie die verschiedenen Nadelarten.

Winzig, aber unermesslich wichtig: Ameisen

Auf die Frage, was das wichtigste Tier im Wald sei, käme vermutlich vielen Menschen das Wildschwein in den Sinn. Es frisst viele Käfer und Larven und lockert durch sein Wühlen den Waldboden auf, weshalb es die Förster lieben – solange es nicht zu viele davon werden. Alles richtig, doch wenn man mich fragen würde, würde ich vermutlich antworten: die Rote Waldameise. Sie frisst Schädlinge beziehungsweise deren Larven und Raupen, beispielsweise vom Borkenkäfer oder der Blattwespe. Sie lockert ebenfalls den Boden auf, zersetzt die unterschiedlichsten Stoffe und entsorgt Aas. Dadurch, dass sie Samen, Nektar, Pollen und Pilzmyzele in ihr Nest schleppt, sorgt sie für die Verbreitung von Pflanzen und Pilzen. Sie stellt in Form ihrer Eier und Puppen Nahrung für insektenfressende Tiere zur Verfügung, unter anderem für das seltene Auer- und Birkwild, und, und, und. Kurz: Sie ist extrem wertvoll. Es wäre zwar schade, wenn es keine Wildschweine gäbe, denn dann würden sich einige Käfer unverhältnismäßig vermehren und der Boden wäre nicht ganz so gut durchlüftet, der Wald an sich aber könnte prima überleben. Ohne Rote Waldameise hingegen wäre das Ökosystem Wald ein völlig anderes und womöglich gar nicht vorhanden.

Ameisen faszinierten mich schon als kleiner Junge. Stundenlang konnte ich vor einem Ameisennest sitzen und einfach nur das Gewusel in diesem kleinen Kosmos beobachten.

Meine Familie glaubte schon, dass mit mir was nicht stimmen könne, weil »Klein Andy stundenlang auf einen Ameisenhaufen glotzte«. Bei Gremmelsbach im Schwarzwald wurde 2019 ein Ameisenhügel entdeckt, über den viel in der Lokalpresse berichtet wurde, weil er wegen seiner Größe ein Fall für das Guinnessbuch der Rekorde sei. Das Gebilde aus Ästen, Nadeln und weiteren Baumaterialien, die sich im Wald finden, ist beinahe zwei Meter hoch und hat einen Durchmesser von etwa fünf Metern – soweit man es erkennen kann, denn Ameisennester sind unterirdisch mindestens noch einmal genauso groß wie der Teil, den man an der Oberfläche sieht. Es dürften etwa zweieinhalb Millionen Ameisen darin wohnen. Vermutlich ist es nur der zweitgrößte Ameisenhaufen Deutschlands, denn in der Eifel entdeckte ich kürzlich einen, der meines Erachtens noch viel größer ist. So gigantisch manche dieser Streukuppeln auch sein mögen, insgesamt hat die Zahl der Bauten dramatisch abgenommen, und die Rote Waldameise gehört heute in etlichen Regionen Deutschlands zu den gefährdeten Arten.

Gut hundert Ameisenarten leben in Deutschland, darunter dreizehn Waldameisenarten. Weltweit sind bislang 9600 Ameisenarten bekannt, geschätzte drei- bis fünftausend Arten warten noch auf ihre Entdeckung durch den Menschen. Ameisen gab es schon zu Zeiten der Dinosaurier, das zeigen neunzig Millionen Jahre alte Einschlüsse in Bernstein. Und da diese Minifossilien bereits verschiedenen Gattungen zuzuordnen sind, muss es die allerersten Ameisen schon sehr viel früher gegeben haben. So klein die Ameisen sind, so »gewichtig« sind sie. Die kleinen Krabbler sind derart zahlreich vertreten, dass ihre Biomasse genauso hoch sein soll wie die sämtlicher Menschen der Welt – und das, obwohl eine Million Ameisen gerade mal etwa sieben Kilogramm auf die Waage bringen.

In einen Ameisenhaufen zu »glotzen«, wie meine Tante und mein Onkel es immer nannten, hat für mich bis heute etwas Meditatives, und das, obwohl dort ein äußerst reges Leben herrscht. Sobald die kleinen Wusler im Frühjahr aus dem Inneren des Nestes, wo sie den Winter mehr oder weniger verschlafen haben, wieder ans Tageslicht kommen, sind Königinnen, Jäger, Träger, Wächter und all die anderen pausenlos damit beschäftigt, Eier zu legen, Nahrung für den Nachwuchs heranzuschaffen, wobei Ameisen ein Vielfaches ihres eigenen Körpergewichts schleppen können, die Nachkommen zu füttern, die Heimstatt auszubessern oder zu vergrößern und sich im Herbst Futterdepots anzufuttern. Damit in dem riesigen Ameisenstaat mit seinen unzähligen Einwohnern kein heilloses Chaos ausbricht, sprechen sich die Tiere ab, und zwar über Duftstoffe. Findet zum Beispiel eine Kundschafterin eine süße Nahrungsquelle – Ameisen können Süßem praktisch nicht widerstehen –, zum Beispiel einen Strauch voller Blattläuse, legt sie eine Duftspur, und sofort machen sich weitere Ameisen auf den Weg, um die Blattläuse zu »melken« und so an den zuckrigen Honigtau zu gelangen.

In manchen Regionen der Erde gelten einige Ameisenarten übrigens als Delikatesse. Alex Atala, dessen Restaurant D.O.M. in São Paulo seit mehr als zehn Jahren zu den fünfzig besten Restaurants der Welt zählt, serviert dort Blattschneiderameisen namens Saúva. Wie die in Asien, Afrika und Australien heimischen Smaragdameisen schmecken die kleinen Brasilianer aus dem Amazonasbecken nach Zitrusfrüchten beziehungsweise Zitronengras. Atala sagt sogar, dass nicht die Saúva nach Zitronengras schmecken, sondern dass Zitronengras nach Ameise schmeckt. Offenbar haben nicht nur die Exoten unter den Ameisen eine Zitrusnote, denn im Noma in Kopenhagen, das bereits viermal zum besten Restaurant der Welt gekürt wurde, steht die Rote Waldameise regelmäßig auf der Speisekarte. Ich kann nur vermuten, dass das mit der Ameisensäure zusammenhängt. Egal, ob sie aus dem brasilianischen Urwald oder dem deutschen Kiefernhain stammen: Der Geschmack von Ameisen ist derart intensiv, dass die Tierchen zumeist nur als Garnierung verwendet oder als Knabberei zwischendurch gegessen werden.

Lecker, gesund und nahrhaft – die Früchte des Waldes

Ich habe ehrlich gesagt noch nie Ameisen gegessen, wäre auch nie auf die Idee gekommen, dass sie schmecken könnten, bis ich über das Thema essbare Insekten gestolpert bin. Wenn ich draußen unterwegs bin und Lust auf einen Snack habe, suche ich aber eher nach Beeren.

Besonders gern mag ich Walderdbeeren, Waldhimbeeren, Brombeeren oder Heidelbeeren. Hagebutten könnte man ebenfalls roh essen, doch es ist mühsam, erst die kleinen Nüsschen herauszupulen, deren feine Härchen jucken und schmerzen. Rohe Früchte von Sanddorn oder Weißdorn kann man zwar essen, sie sind aber kein sonderlicher Genuss. Schlehen schmecken erst nach dem ersten Frost. Manche Waldfrüchte wie Holunder oder Vogelbeere sind roh giftig oder schwer verträglich. Von wieder anderen sollte man ganz die Finger lassen, so zum Beispiel von der Tollkirsche, einer der giftigsten Pflanzen überhaupt in unseren Breiten, und von den Früchten des Seidelbasts oder der Roten Heckenkirsche, deren glänzende Früchte roten Johannisbeeren zum Verwechseln ähnlich sehen.

Viele Beeren beziehungsweise deren Mus, Saft oder andere Zubereitungsarten wurden früher – und werden dank der Renaissance der Naturmedizin heute wieder – gegen allerlei Beschwerden oder auch vorbeugend angewendet. Hagebutte zum Beispiel ist gut für das Immunsystem und hilft unter anderem bei Verdauungsbeschwerden; Holunder ist ein altes Heilmittel bei Erkältungen, er bringt einen zum Schwitzen, treibt so das Fieber aus und löst den Schleim in den Bronchien; Sanddorn hilft etwa bei Hautverletzungen und Sonnenbrand, Weißdorn stärkt das Herz ... Es ist immer wieder faszinierend, welche Schätze uns die Natur bietet.

Viele Menschen trauen sich keine Beeren aus dem Wald zu essen, aus Angst vor dem Fuchsbandwurm. Biologen halten es jedoch für höchst unwahrscheinlich, dass man sich den Parasiten durch den Verzehr von Beeren holt. Zumindest wurde dieser Übertragungsweg noch bei keinem einzigen Patienten nachgewiesen. Viel eher werde der Fuchsbandwurm von infizierten Hunden übertragen, die in Risikogebieten oft Mäuse, also kleinere Zwischenwirte, fressen, so die Wissenschaftler; Beeren aus dem Wald könne man daher nach dem Waschen, am besten mit warmem Wasser, bedenkenlos essen.

Neben Waldbeeren gibt es noch andere Genüsse im Wald. Einen regelrechten Hype erlebte vor ein paar Jahren der Bärlauch. Wie der Name schon andeutet, ist er ein Verwandter von Schnittlauch und Knoblauch. Jedes Frühjahr tauchen seither neue Produkte und Rezepte auf: Bärlauchpesto, Bärlauchbutter, Bärlauchquark, Bärlauchsuppe, Bärlauchknödel, Bärlauchbratwurst, Bärlauchkäse, um nur einige zu nennen. Gesund ist die Hexenzwiebel – eine von vielen weiteren Bezeichnungen für das aromatische Gewächs – außerdem. Sie hilft unter anderem bei Verdauungsproblemen, Bluthochdruck und Erkältungen. Kein Licht, wo nicht auch Schatten, denn der Bärlauch hat giftige Doppelgänger. Nicht nur, wie oft erwähnt, das Maiglöckchen, auch die Herbstzeitlose hat zum Verwechseln ähnliche Blätter. Dummerweise wachsen beide oft in direkter Nähe des Bärlauchs. An den Blüten könnte man sie leicht unterscheiden, doch Bärlauch wird am besten vor der Blütezeit geerntet, die von Mitte März bis Anfang Mai dauert, weil er danach an Geschmack verliert. Wer Bärlauch während der Blüte erntet, kann ihn zumindest von Maiglöckchen unterscheiden, die in etwa zur selben Zeit blühen: von März bis Juni. Mit Herbstzeitlosen funktioniert das nicht, denn bei ihnen sieht man im Frühjahr nur die Blätter und im Herbst nur die Blüten, also nie beides gleichzeitig.

Viele weitere Pflanzen aus dem Wald oder von der Wiese schmecken gut oder haben eine medizinische Wirkung – oder beides. Darunter sind weitverbreitete Gewächse, die jedes Kind kennt, wie Brennnessel, Löwenzahn oder Gänseblümchen. »Gegen alles ist ein Kraut gewachsen«, dieses Zitat wird meist Hildegard von Bingen, der berühmten Äbtissin und Kräuterheilkundigen aus dem 12. Jahrhundert, zugeschrieben. Mit dem Aufkommen chemischer Arzneimittel schwand allmählich das Wissen um die Naturmedizin. Seit jedoch immer mehr Menschen der Schulmedizin und vor allem der Pharmaindustrie kritisch gegenüberstehen, besinnt man sich wieder darauf, und mittlerweile gibt es auch wieder Kräuterweiblein – und auch »Kräutermänner«. In Ländern, in denen die Menschen nicht so ohne Weiteres Zugang zu Ärzten, Krankenhäusern oder auch nur Apotheken haben, war die Medizin aus Wald und Flur nie ganz verschwunden, und man geht davon aus, dass die Natur, vor allem der Dschungel, noch viele unentdeckte »Medikamente« bereithält.

Wenn ich im Herbst mit Cleo im Wald unterwegs bin, mästet sie sich mit Eicheln. Genüsslich sammelt sie die Leckerbissen auf, die dann in großen Mengen am Boden liegen. In manchen Internetforen wird gewarnt, dass Eicheln bei Hunden Durchfall und Erbrechen hervorrufen. Cleo jedenfalls verträgt die Baumfrüchte, wie viele andere Hunde auch, sonst würde sie sie nicht Herbst für Herbst fressen. Und immerhin ist sie inzwischen vierzehn Jahre alt – für einen Hannoverschen Schweißhund ein stolzes Alter. Für uns Menschen sind unbehandelte Eicheln alles andere als ein Genuss. Ihr hoher Anteil an dem Gerbstoff Tannin macht sie fürchterlich bitter und kann, wie bei manchen Hunden, Magenkrämpfe und andere unliebsame Nebenwirkungen verursachen. Wenn man sie jedoch mehrmals wässert, entweicht der wasserlösliche Bitterstoff. Die getrockneten Eicheln können dann zu einem Mehl mit leicht nussigem Geschmack gemahlen werden. Oder man hackt sie klein und röstet sie in der Pfanne, das ergibt eine gesunde Knabberei.

Früher sagte man, wenn es viele Eicheln gibt, wird es ein strenger Winter werden. Eicheln sind aber keine Wetterpropheten, eher Chronisten, denn ihre Zahl lässt auf das vergangene statt auf das künftige Wetter schließen. Auslöser für viele Eicheln und auch Unmengen an Bucheckern sind zum einen kräftige Winde während der Blütezeit, die für eine weite Verbreitung der Samen sorgen, und zum anderen, dass die Blütenstände nicht durch späten Frost geschädigt werden. Es sieht ganz danach aus, als würden wir in den nächsten Jahren immer wieder eine »Vollmast« bekommen, wie ein voller Fruchtertrag in der Forstwirtschaft genannt wird, da infolge des Klimawandels das Frühjahr immer stürmischer und wohl auch wärmer werden wird.

Noch leckerer und nussiger als Eicheln sind Bucheckern. Sie sollten, da sie in unbehandeltem Zustand das leicht giftige Trimethylamin enthalten, gewässert oder geröstet werden. Da Bucheckern sehr klein sind, ist es mühsamer als bei Eicheln, eine nennenswerte Menge zu sammeln, und es ist eine Geduldsprobe, sie aus ihrer Schale zu pulen. Dafür kann man sie als Ganzes rösten und einfach so knabbern oder als Topping über einen Salat streuen. Und natürlich kann man sie auch schroten oder mahlen.

Dass Maronen essbar sind, weiß jeder, der schon einmal auf einem Weihnachtsmarkt war. Außerdem kann man unter anderem die jungen Triebe von Fichten verzehren, die Samen aus Zapfen – und zwar nicht nur die von Pinien –, die jungen Blätter von Ahorn, Buche, Linde oder Haselnuss, Blättchen und Knospen der Birke und so manche Nadeln. Man kann sich einen ganzen Salat nur aus verschiedenen Teilen von Bäumen zusammenstellen.

Wenn Cleo den Waldboden nach Eicheln absucht und dabei mit der Nase in Laubhaufen herumstöbert, sieht sie aus wie ein Huteschwein. Früher war es in manchen Gegenden üblich, Schweine und anderes Nutzvieh in einen lichten Wald zu treiben, der auch oder sogar ausschließlich als »Weide« genutzt wurde und wo sich die Tiere ihr Futter selbst suchen mussten. Eine solche Waldweide nannte man »Hute«, »Hude« oder »Hutung«, was, wie unschwer zu erkennen ist, dieselbe Wortwurzel wie »hüten« hat. Diese Art der Waldnutzung beziehungsweise Viehhaltung ist selten geworden, da sie zeitaufwendig ist und sich niemand mehr findet, der noch Schweinehirte sein will.

Giftig oder nicht giftig, das ist bei Pilzen die Frage

Was bei Essbarem aus dem Wald nicht fehlen darf, sind – abgesehen vom Wild natürlich – Pilze. Pilze begleiten mich eigentlich durch mein ganzes Leben. Das kam vor allem durch meine schlesische Großmutter und meinen ostpreußischen Großvater. Die beiden waren leidenschaftliche Pilzsucher, und ab dem Herbst spannten sich Zwirnfäden durch die gesamte Speisekammer, auf denen in Scheiben geschnittene Maronen, Steinpilze, Birkenpilze, Pfifferlinge und hin und wieder auch mal eine Krause Glucke zum Trocknen aufgefädelt waren. Das sah immer toll aus. Und natürlich hingen da Hallimasche. Die konnte man früher im Thüringer Wald mit der Sense absäbeln, so viele gab es davon. Ich erinnere mich auch noch, wie in meinen ersten Jahren als Förster bei Beginn der Pilzsaison die Menschen in Scharen aus der Stadt in mein damaliges Revier kamen, um die begehrten Schwämme zu sammeln. Dann parkten die Autos Stoßstange an Stoßstange entlang der Waldstraßen. Mit Einführung der Bundesartenschutzverordnung zum Schutz wild lebender Tier- und Pflanzenarten 1986 ließ der Ansturm spürbar nach. Seither dürfen Pilze so wie Beeren oder Kräuter nur noch in geringen Mengen, »für den Eigenbedarf«, gesammelt werden.

Im Winter verfeinerte meine Großmutter zu besonderen Anlässen Suppen und Soßen mit den im Herbst gefundenen Schätzen. Ich weiß nicht warum, aber meine Großeltern ließen die Pilze auf den Schnüren, bis sie aufgebraucht waren, statt sie, sobald sie schön durchgetrocknet waren, in Einweckgläser zu füllen. An der Luft verloren die Pilze deutlich an Aroma, schmeckten aber, wenn sie dann in der Suppe aufquollen, trotzdem vorzüglich.

Eine andere Erinnerung, eine sehr lustige, verbinde ich mit dem Tintling. Einer meiner Freunde hatte gehört, dass wenn man Tintling isst und danach Alkohol trinkt, das Gesicht blau anläuft. Da haben wir beschlossen, das probieren wir mal aus. Gesagt, getan. Wir kochten ein paar Tintlinge, und nach dem Verzehr tranken wir etwas Bier. Und tatsächlich: Unsere Gesichter wurden zuerst rot und dann violett. Nur die Nasenspitzen und die Ohrläppchen blieben hell. Das sah natürlich furchtbar komisch aus, und wir haben uns schlapp gelacht. Was wir damals nicht wussten: Die Verfärbungen werden durch Coprin, einen Bestandteil des Pilzes, ausgelöst, der in Kombination mit Alkohol giftig wird. Nachahmung also nicht empfohlen!

Meine Großmutter sagte immer: »Alle Pilze, die wurmstichig oder von Schnecken angefressen sind, können wir Menschen auch essen. Man muss sie nur kochen.« In dem Punkt irrte sie gewaltig, denn was Würmer und Schnecken fressen können, müssen wir Menschen längst nicht vertragen. Dass trotzdem keiner von uns an einer Pilzvergiftung starb, liegt einzig und allein daran, dass sie und Großvater genau wussten, welche Pilze genießbar waren. Fliegenpilze hatte sie nie im Korb, obwohl mein Großvater erzählte, dass man in seiner ostpreußischen Heimat früher Fliegenpilze gegessen habe, einen Pilz, der bekanntlich Halluzinationen auslöst und zu schweren Vergiftungen führt. Tatsächlich wird der Fliegenpilz durch entsprechende Zubereitung genießbar. Da sich die Gifte hauptsächlich in der Haut des Hutes befinden und größtenteils wasserlöslich sind, hat man – nicht nur in Ostpreußen – die Haut entfernt und den Pilz über Nacht in Wasser gelegt. Am nächsten Tag schüttete man die Flüssigkeit weg und verarbeitete den Pilz weiter. Bei aller Vorsicht blieb ein

Restrisiko, weshalb der Pilz schließlich aus unseren Töpfen und Pfannen verschwand.

Mein Großvater las im Spätsommer und im Herbst liebend gern Zeitungsartikel vor, in denen es um Pilzvergiftungen ging. Das hatte etwas Voyeuristisches, und obwohl er es nicht aussprach, war klar, was er dachte: Schau an, da haben sich mal wieder welche mit Pilzen vergiftet; die kannten sich wohl nicht richtig damit aus. Dabei kann es relativ schnell passieren, dass man zum falschen Exemplar greift, weil eine Menge Pilze ein Double haben. Der giftige Knollenblätterpilz zum Beispiel ist leicht mit anderen Blätterpilzen wie dem Hallimasch zu verwechseln, etwa der Grüne Knollenblätterpilz mit dem Pfirsichtäubling; der zwar nicht giftige, aber jedes Pilzgericht verderbende, weil extrem bittere Gallenröhrling sieht beinahe wie ein Steinpilz aus; der Karbolchampion wie ein Wiesenchampignon; der Perlpilz wie ein Pantherpilz; der Spitzschuppige Stachel-Schirmling wie ein Parasolpilz. Letzterer ist ein Verwandter des Champignons, wird aber deutlich größer, bis zu sagenhaften dreißig Zentimetern im Durchmesser. Je größer sein Schirm, umso intensiver sein nussiges Aroma. In meiner Heimat, der Eifel, gibt es sehr viele dieser Pilze. Sie sind eine richtige Delikatesse, und es braucht nicht viel, um aus ihnen ein schmackhaftes Essen zu machen: Man kann sie einfach nur in Butter braten und mit etwas Salz und Pfeffer würzen. Fertig. Oder wie ein Schnitzel panieren. Apropos Pfeffer. Letztens habe ich einen Pfefferröhrling mit einem Sandröhrling verwechselt – nicht weiter tragisch, da der Pfefferröhrling nicht giftig ist. Ich war mir ganz sicher, einen Sandröhrling vor mir zu haben, und knabberte daran. Sofort hatte ich einen extrem pfeffrigen Geschmack im Mund. Als Solist ist der Pfefferröhrling praktisch ungenießbar, getrocknet und zermahlen aber kann man ihn als Würze direkt über ein Gericht streuen oder als Aromazusatz für Suppen, Soßen oder Eintöpfe verwenden.

Eine Pilzvergiftung zeigt sich nicht gleich nach dem Essen, sondern oft erst Stunden später. Symptome können Übelkeit bis hin zu Erbrechen sein, Bauchschmerzen, Koliken, Durchfall, Atemnot, Schweißausbrüche und vieles mehr, da Pilzgift nicht gleich Pilzgift ist. Das eine schädigt die Leber, das andere die Nieren, wieder ein anderes schlägt auf den Magen oder lässt das Herz rasen. Die Hausmittel, die früher in solchen Fällen empfohlen wurden, nämlich viel Milch oder Salzwasser trinken, sind nutzlos oder sogar kontraproduktiv. Wenn man Milch trinkt, gelangt das Gift schneller in den Blutkreislauf, und Salzwasser entzieht dem Körper zu viel Wasser. Den Finger in den Hals zu stecken, um das Gift möglichst schnell loszuwerden, ist nur sinnvoll, wenn man gleich nach dem Essen den Verdacht hat, dass etwas nicht stimmt. In jedem Fall sollte man sich entweder umgehend zu einem Arzt oder in die Notaufnahme eines Krankenhauses bringen lassen (nicht selbst fahren, da man bewusstlos werden kann!), bei einer der Gift-Notruf-Zentralen anrufen oder gegebenenfalls sogar den Notarzt rufen. Und man sollte nach Möglichkeit Abfälle vom Pilzeputzen oder Reste der Mahlzeit für eine Untersuchung mitnehmen.

Ist man sich sicher, dass man ein ess- und auch genießbares Exemplar vor sich hat, soll man es dann mit dem Messer abschneiden oder aus dem Erdreich beziehungsweise dem Myzel herausdrehen? Das Myzel ist ein Geflecht fadenförmiger Zellen im Boden – bei Baumpilzen im Holz – und der eigentliche Pilz. Was wir zu Gesicht bekommen, sind lediglich die Fruchtkörper. Also: schneiden oder drehen? Die Meinungen gehen da auseinander. Die einen sagen, man solle Pilze, also die Fruchtkörper, herausdrehen, weil man sie als Ganzes besser bestimmen kann und auch, weil sonst viel vom »Fleisch« im Boden bleibt – und weil beim Schneiden die Gefahr besteht, dass Keime ins Myzel geraten. Die anderen schneiden die Pilze lieber ab, weil sie dann weniger putzen müssen. Wer sich nicht sicher ist, sollte die Pilze lieber an Ort und Stelle stehen lassen oder, falls er sie doch mitnimmt, jemanden fragen, der sich sehr gut mit der Materie auskennt. In Pilzberatungsstellen werfen Kenner, meist ältere, erfahrene Leute, einen Blick ins Körbchen und sortieren die Schlechten aus. Ich persönlich würde im Zweifel eher diesen alten Waldläufern trauen als einer Pilz-App. Aber ich bin ja, was Apps angeht, ohnehin sehr altmodisch und schleppe lieber ein paar Bestimmungsbücher durch die Botanik. Allerdings warnt auch die Deutsche Gesellschaft für Mykologie (DGfM), dass keine App »einen unerfahrenen Anwender sicher durch die verwirrende Vielfalt an Pilzarten und Fruchtkörperformen geleiten [kann], die wir im Wald finden. Ein Speisepilzsammler, der sich bei der Bestimmung nur von einer App leiten lässt, spielt grob fahrlässig mit seiner Gesundheit«, wobei die Betonung auf *nur* liegt. Als *zusätzliches* Hilfsmittel für kundige Sammler können Apps durchaus nützlich sein. Wer nicht auf eine Pilz-App verzichten will, der fährt derzeit (Stand Pilzsaison 2019) am besten mit der Pro-, also der kostenpflichtigen Version von »Meine Pilze«. Diese Empfehlung gebe ich, wie bei allen anderen Apps, unter Vorbehalt, weil sich auf diesem Gebiet vieles rasant verändert.

Was darf man im Wald und was nicht?

Darf ich eigentlich Beeren, Kräuter, Pilze, Reisig und anderes sammeln? Überhaupt: Wie darf ich den Wald nutzen? Darf ich ein Lagerfeuer machen, ein kleines »Knäckerchen«, wie wir immer gesagt haben? Darf ich mir einen Fisch angeln und ihn abends für meine Freundin und mich am Lagerfeuer brutzeln? Darf ich im Wald campieren?

Es ist leider nicht mehr wie bei Michel aus Lönneberga oder bei Tom Sawyer und Huckleberry Finn. Auf der einen Seite, das muss man sagen, haben wir ein sehr freies Waldbetretungsrecht, denn jeder Waldbesitzer, ob der Staat, ein Bundesland, eine Gemeinde oder die Kirche, muss Wanderer, Spaziergänger, Jogger und andere Erholungssuchende in seinem Wald dulden. Das gilt sogar für Privatbesitzer. Während man in vielen anderen Ländern an einem Waldrand auf ein Schild mit dem Hinweis »Privatbesitz. Betreten verboten« stoßen kann, ist das in Deutschland undenkbar. Das heißt aber nicht, dass jeder im Wald tun und lassen kann, was er will. Denn natürlich gibt es Regeln, an die man sich im Wald zu halten hat. Sie sind größtenteils sehr klar, manchmal auch sehr eng gesteckt, dabei nicht immer ganz nachvollziehbar. Bei manchen gibt es Grauzonen, was bedeutet, dass eine Zuwiderhandlung aller Wahrscheinlichkeit nach geduldet wird. Falls nicht, drohen Stress, Ärger, Streit und womöglich sogar eine Anzeige.

»Betreten« bedeutet, und das ist durchaus wörtlich zu nehmen, dass man den Wald »betritt«, also zu Fuß unterwegs ist, was in diesem Fall Rollstuhlfahrer mit einschließt. Das Betretungsrecht erlaubt darüber hinaus das Radfahren und Reiten – nicht jedoch Fahrten mit Kutschen oder Pferdeschlitten (im Übrigen auch nicht mit Hundeschlitten) –, allerdings nur auf Straßen und Wegen, und die müssen breit genug sein. Außerdem haben Fußgänger immer Vorrang. Alles, was einen Motor hat, erfordert eine Sondererlaubnis. Das träfe im Grunde auch auf E-Bikes zu, die liegen im Moment noch in der Grauzone.

Ausnahmen vom Grundsatz des Betretungsrechts sind eingeschränkt möglich, zum Beispiel, wenn Forstkulturen zum Schutz vor Verbiss eingezäunt werden oder ein Gebiet zeitweise wegen Holzeinschlags oder während der Balz- und Brutzeit seltener Vögel gesperrt wird. Man tut gut daran, sich an solche Sperren zu halten, es sei denn, man will riskieren, von einem gefällten Baum erschlagen zu werden, oder mutwillig Vögel bei der Aufzucht ihrer Jungen stören.

Zu den Regeln gehört auch, dass jeder Besucher des Waldes pfleglich damit umzugehen hat. So darf man beispielsweise Blumen, Gräser, Farne, Moose, Flechten, Früchte, Pilze, Tee- und Heilkräuter, Steine sowie Zweige sammeln, allerdings lediglich in geringen Mengen, nur für den persönlichen Bedarf und ausschließlich an Stellen, die keinem Betretungsverbot unterliegen. Diese sogenannte Handstraußregelung gilt nicht für Pflanzen, die dem besonderen Artenschutz unterliegen. Das heißt, es müsste, wie man auf der Website des Bundesministeriums für Umwelt, Naturschutz und nukleare Sicherheit nachlesen kann, immer erst »eine genaue Bestimmung der zu entnehmenden Pflanze erfolgen. Die konkrete Art muss sodann mit den Pflanzen in den Anhängen A oder B der Verordnung (EG) Nr. 338/97 des Rates vom 9. Dezember 1996 über den Schutz von Exemplaren wild lebender Tier- und Pflanzenarten durch Überwachung des Handels, den Pflanzen in Anhang IV der Richtlinie 92/43/EWG und den nach Anlage 1 zur Bundesartenschutzverordnung geschützten Pflanzen abgeglichen werden«. Wie soll man das bitte mitten im Wald machen?

Man darf auch keine Vogeleier und weder lebende noch tote Wildtiere mitnehmen. Das leuchtet ein. Bei manch anderen Dingen würde man hingegen vermuten, dass man sie ohne Weiteres aufsammeln darf, Federn zum Beispiel. Irrtum. Sie müssen im Wald bleiben – oder auf der Weide, der Wiese oder wo immer sonst man darauf gestoßen ist. Teile von geschützten Tieren dürfen nämlich nicht gesammelt werden, und da so gut wie alle heimischen Wildvögel zu den geschützten Tieren zählen, ist in Deutschland das Sammeln von Federn prinzipiell verboten.

Und wie sieht es mit der Abwurfstange oder womöglich gar einem kompletten Geweih eines Hirsches oder Rehbocks aus, das so gut ins rustikale Wohnzimmer oder in die Bauernstube des Ferienhäuschens passen würde? Ich fand meine erste Geweihstange, da war ich sieben Jahre alt und wahnsinnig stolz auf meinen Fund. Es war die rechte Stange eines jungen Rothirsches, eines sogenannten Kronenzehners, das heißt, sie hatte nur eine Augsprosse, eine Mittelsprosse und eine dreiendige Krone. An der Stange hatten schon ziemlich viele Tiere herumgeknabbert, Waldmäuse vielleicht oder Eichhörnchen. So jedenfalls habe ich die Fraßspuren gedeutet. Als ich die Stange meinem Großvater zeigte, war er total begeistert, mahnte aber in seinem preußischen Unterton: »Na, Junge, die darfste aber eigentlich jar nich mit nach Hause nehmen aus dem Wald.« Das ist bis heute so geblieben. Wer eine Abwurfstange findet, kann sie betrachten, befühlen, daran schnuppern; sie einzustecken wäre aber keine gute Idee. Nach dem Deutschen Bundesjagdgesetz sind Geweihe nämlich das Eigentum des »Jagdausübungsberechtigten« – das ist in der Regel der Jagdpächter oder Revierinhaber. Wenn Sie eine Abwurfstange ohne dessen schriftliche Erlaubnis mitnehmen, ist das ein »Eingriff in fremdes Jagdrecht«, auf gut Deutsch Wilderei. Und die kann empfindliche Strafen nach sich ziehen. Die gute Nachricht: Ein

Jäger oder Waldbesitzer kann nicht sämtliche Abwurfstangen horten, die Jahr für Jahr in seinem Revier anfallen. Meistens will er Ihr Fundstück nur mal gesehen haben und hat nichts dagegen, wenn Sie es behalten. Bleibt immer noch die Schwierigkeit, dass man den Pächter oder Besitzer des Waldes erst einmal ausfindig machen muss.

Wird Ihnen der Weg zu mühsam, vielleicht wegen einer fünf Kilogramm schweren Geweihstange auf der Schulter, dürfen Sie einen Ast vom Boden auflesen und als Wanderstab nutzen. Einen Ast von einem Baum abbrechen oder mit dem Taschenmesser absäbeln dürfen Sie hingegen nicht.

Langer Rede kurzer Sinn: Am sichersten ist es, die Dinge, welche auch immer, zu bestaunen, sie aber dort zu lassen, wo man sie gefunden hat.

Wie sieht es denn nun mit Übernachten im Wald aus? Dieses Thema ist höchst kompliziert, weil es nicht nur ein Bundesnaturschutzgesetz gibt, sondern jedes Bundesland auch noch sein eigenes Naturschutz-, sein eigenes Waldgesetz hat. Hinzu kommt, dass man zwischen Wald und freier Landschaft unterscheiden muss. Im Wald ist das Zelten verboten, nicht aber das Ruhen oder Schlafen – im Grunde darf man sich irgendwo zusammenrollen und ein Nickerchen machen, sogar mit einer Isomatte als Unterlage, solange man eben kein Zelt aufstellt. In einem Naturschutzgebiet, einem landwirtschaftlichen Schutzgebiet oder einem Biotop wiederum ist selbst das einfache Lagern verboten, also auch das Übernachten ohne Zelt.

Letzten Sommer musste ich das zu meiner großen Enttäuschung feststellen. Ich machte mit meinen Söhnen Luke und Finn eine Kanutour auf dem Rhein und wollte mit ihnen auf einer Insel übernachten, auf der ich viele Jahre davor mit meinem ältesten Sohn Erik campiert hatte. Wir hatten damals dort geangelt und mehrere Aale gefangen, ein kleines Feuerchen gemacht, unser Zelt aufgebaut und uns wie Robinson Crusoe gefühlt. Es war toll. Doch was passiert fünfzehn Jahre später? Wir kommen zu der Insel, alle drei gespannt und voller Vorfreude, denn die zwei Jungs sind ebenfalls begeisterte Angler, und ich hatte ihnen natürlich von meiner Tour mit Erik erzählt. Da springt mir ein großes Schild mit »Naturschutzgebiet« ins Auge. Zunächst denke ich mir nichts dabei. Es ist bereits spät, wir sind erschöpft vom stundenlangen Paddeln, und es regnet in Strömen, daher schlage ich vor, dass wir die Zelte aufbauen, vielleicht noch was essen und dann schlafen. Morgen ist ja auch noch ein Tag. Als die Zelte schon standen, kam ich ins Grübeln und sagte mir, guck mal lieber im Internet, was es kostet, in einem Naturschutzgebiet zu übernachten. Erschrocken las ich was von einer Geldstrafe von mindestens fünfhundert Euro in Rheinland-Pfalz (in jedem Bundesland gelten andere Tarife). Also bauten wir alles wieder ab und fuhren bei Regen weiter. Die Jungs fluchten, haben wahrscheinlich auch mich verflucht. Ich sagte zu ihnen, wisst ihr was, Männer, ich lade euch im nächsten Ort zu einer Pizza ein, wir nehmen uns ein Zimmer und schlafen im Trockenen statt im strömenden Regen dort draußen bei Vater Rhein. Das war aber nicht das, was sie gewollt hatten, und entsprechend übellaunig waren die beiden.

Bei all den Verboten und Ausnahmen schadet es vielleicht nicht zu erwähnen, dass auf Waldcampingplätzen das Zelten natürlich erlaubt ist. Zelten im Wald ist auch dann erlaubt, wenn der Eigentümer es duldet. Hier gilt ebenfalls: Dazu muss man erst einmal wissen, wer das ist. Wenn ich von Anfang an vorhabe, im Wald zu übernachten, kann ich den Pächter oder Besitzer vorab herausfinden und ihn fragen. Doch was ist, wenn es draußen einfach so schön war, dass man die Zeit vergessen hat, und dann erkennen muss, dass man das kleine Dorf, in dem man sich vorab ein Bett in einer Pension gesichert hat, nicht mehr erreichen kann. Kann passieren. Gut, wenn man dann ein kleines Einmannzelt, einen leichten Schlafsack und eine Isomatte dabeihat, weil man auf der mehrtägigen Wanderung sowieso mal draußen übernachten wollte. So wie ich letzten Sommer. Es wurde schon dunkel, als ich irgendwo mitten im Wald eine schöne Stelle entdeckte. Im Schein meiner Stirnlampe baute ich das Zelt auf, rollte die Isomatte und den Schlafsack aus, schlief wie ein Stein, wurde mit dem ersten Vogelgezwitscher in der Morgendämmerung munter, baute alles ab und wanderte weiter. Ich habe nichts und niemanden gestört, und keiner hat mich gestört. Aber es kann auch anders laufen.

Meine Freundin und ich waren stundenlang an einem Forellenbach gesessen, hatten die hübschen Libellen beobachtet, die sich dort tummelten, und darüber den Tag vertrödelt. Bei Einbruch der Nacht schlugen wir neben einem Waldweg ein kleines Zelt auf und legten uns schlafen. Mitten in der Nacht hielt ein Geländewagen neben uns an, ein Jäger stieg aus und raunzte uns an: »Sie dürfen hier nicht zelten, was soll das? Sie haben mir meinen Lieblingsrehbock verscheucht. Ich will nicht, dass Sie hier campieren.« Ich versuchte ihn zu beschwichtigen, bat ihn, uns einfach noch ein paar Stunden schlafen zu lassen, versprach ihm, dass wir nichts zurücklassen würden außer ein bisschen platt gedrücktes Gras. Doch der Mann kannte keine Gnade. Als ich einwandte, dass es bis zum nächsten Dorf anderthalb Stunden Fußmarsch durch den dunklen Wald seien und jede Pension nach Mitternacht bestimmt verschlossen sei, sagte er, das interessiere ihn nicht. Und wir konnten nichts machen, denn er war im Recht. Das Recht ist das eine, ob man darauf pocht das andere. So kann man durchaus auf einen freundlichen Förster oder netten Jäger treffen, der beide Augen zudrückt und es toll findet, dass man auf Schusters Rappen unterwegs ist. Der vielleicht auch ein wenig neidisch auf die Freiheit ist, die wir genießen.

Darf man denn wenigstens außerhalb vom Wald ungefragt zelten? Klare Antwort: jein. In etlichen Bundesländern ist das Zelten in freier Landschaft zumindest nicht verboten. Ähnliches gilt im Übrigen für die Regelungen in den einzelnen Schweizer Kantonen und österreichischen Bundesländern, wobei in unseren Nachbarländern das Notbiwakieren oberhalb der Baumgrenze gemeinhin geduldet wird. Befindet sich das Stückchen Land, auf dem ich als Wildcamper in Deutschland mein Zelt aufschlagen möchte, in Privatbesitz, brauche ich grundsätzlich die Einwilligung des Besitzers. Doch – gleiche Frage wie oben schon – woher soll ich wissen, wem die »freie« Landschaft gehört?

Wer jetzt denkt, ach, dann rolle ich nächstes Mal meinen Schlafsack auf einem Hochsitz aus, da störe ich kein Tier und drücke keine womöglich geschützte Pflanze platt. Bloß nicht! Ein Hochsitz ist eine jagdliche Einrichtung, die nur mit Einwilligung des Jagdausübungsberechtigten betreten werden darf.

Im Übrigen ist es auch mit dem »Betreten« von Bäumen so eine Sache. Zwar gibt es kein explizites Verbot, auf Bäume zu klettern, wenn man dabei aber einen Baum beschädigt, kann es teuer werden. Wenn der Baum vielleicht sogar ein Naturdenkmal ist, können je nach Bundesland bis zu 50.000 (!) Euro fällig werden. Lebt eine besonders geschützte Tierart in oder auf dem anvisierten Baum, kommt auch noch der Tierschutz ins Spiel – und damit weitere Bußgelder. Ich lasse mir daher das Baumklettern, beispielsweise um das Treiben liebestoller Hirschkäfer in einer uralten Eiche filmen zu können, von den Landes- respektive Staatsforsten des jeweiligen Bundeslandes absegnen.

Wenn man ein im gesetzlichen Sinne »risikofreies« Exemplar entdeckt, ist es die Mühe des Kletterns wert. Wer einmal auf einem großen Baum saß, sich sozusagen auf gleicher Augenhöhe mit der Baumkrone befand, weiß, dass sich einem dort oben eine ganz neue, faszinierende Welt erschließt. Mir gibt es das Gefühl, mit der Umgebung zu verschmelzen, in einen komplett anderen Kosmos einzutauchen. Eine gute Alternative für jeden, der, aus welchen Gründen auch immer, nicht auf einen Baum klettern kann oder will, sind Baumwipfelpfade; mancherorts heißen sie auch Waldwipfelweg oder Baumkronenpfad. Diese meist aus Holz und manchmal etwas Metall gebauten Stege, die sich in luftiger Höhe zwischen oder über Baumwipfeln dahinwinden, erreicht man oft stufenlos, sodass man auch mit Kinderwagen, Rollstuhl oder Rollator in den Genuss kommen kann. Obwohl manche der Gebilde vom Boden aus nicht sehr stabil wirken, sind sie alle fest installiert und schwanken nicht. Auf diesen Lehrpfaden wandert man im oder knapp über dem Kronenbereich des Waldes und sieht wunderschöne Wälder aus einer völlig anderen Perspektive. Knapp zwanzig Baumwipfelpfade gibt es in Deutschland derzeit, unter anderem in den Nationalparks Hainich, Harz und Bayerischer Wald. Der 1635 Meter lange Baumwipfelpfad im Naturerlebnispark Panabora etwa dreißig Kilometer südlich von Gummersbach gehört aktuell gar zu den längsten der Welt.

Nach allen bisherigen Ausführungen dürfte es keine Überraschung sein, dass es grundsätzlich verboten ist, ein Feuer zu entzünden – außer an offiziellen Feuerstellen. Dieses Verbot gilt sowohl für den Wald als auch für die freie Landschaft. Eine Zigarette ist zwar kein offenes Feuer, da von ihr aber Brandgefahr ausgeht, ist in Deutschland das Rauchen im Wald von Anfang März bis Ende Oktober verboten. Ein Feuer muss außerdem ständig kontrolliert werden, und man muss genügend Löschmittel – Wasser, Erde oder Sand – parat haben, eine angesichts der Temperaturanstiege der letzten Jahre und trockenen Sommer sinnvolle Vorsichtsmaßnahme. Und wieder gilt die Ausnahme von der Regel: Wenn der Besitzer von Grund und Boden es duldet, dürfen Sie ein Feuerchen machen. In Österreich und der Schweiz sind die Regeln lockerer, allerdings gibt es in den einzelnen Bundesländern beziehungsweise Kantonen unterschiedliche Einschränkungen.

Letztendlich ist unsere »Erholungssuche« in der Natur also ganz schön stark reglementiert, und wer keinen Ärger riskieren will, lässt alles, wo es ist, und teilt seine Wanderungen oder Touren so ein, dass er spätestens am Abend einen Campingplatz, eine Pension oder eine Hütte erreicht. Ich finde das traurig, denn es nimmt einem die Möglichkeit, einfach draufloszuziehen und zu sehen, wohin einen der Tag bringt. Mehrtägige Touren muss man daher gut planen – was einen aber auch nicht vor Überraschungen schützt.

Eine Kanutour auf der Kyll
oder: Ein Abenteuer mitten
in Deutschland

Ich werde immer wieder gefragt, was ich empfehlen würde, wenn jemand in Deutschland eine tolle mehrtägige Tour machen möchte. Dann denke ich an eine Wanderung am Rennsteig, an eine Radtour entlang des Rheins, an eine Mountainbike-Tour in der Eifel, an eine Wanderung von Hütte zu Hütte in den Alpen. Wenn es aber etwas richtig Abenteuerliches, Spannendes und ein bisschen Unvorhersehbares sein soll, würde ich mich immer für eine Kanutour entscheiden. Sofern ich allein unterwegs bin, gern mit einem Kajak (es ist in der Regel nur für eine Person ausgelegt, oben geschlossen, hat eine Sitzluke, aber keine Sitzbank), sonst mit einem Kanadier (oben offen, etwas breiter, hat mehr Stauraum für Gepäck und ist dank einer oder mehrerer Sitzbänke bequemer).

Das Gewässer muss kein großes oder bekanntes sein wie Rhein, Elbe, Donau, Main oder Mosel. Oft sind kleinere Flüsse sogar schöner, weil sich dort weniger Leute tummeln. Und auch sie bieten Abenteuer und Überraschungen. Das erlebte ich erst letztes Jahr an Ostern auf der Kyll. Die Tour begann mit umfänglichen Vorbereitungen, unter anderem lasen meine Freundin Lea und ich den Bericht eines Kajakfahrers, der den Fluss im Frühjahr davor hinuntergepaddelt war und Wehre, Schleusen, Brücken und den Verlauf beschrieb, und ich besorgte mir für verschiedene Abschnitte eine Angelkarte, offiziell »Fischereischein« genannt. Und sie endete völlig verblüffend und letztlich desillusionierend. Trotzdem war sie ein einprägsames, starkes Erlebnis.

Der kleine Fluss hat sein Quellgebiet bei der Ortschaft Losheimergraben an der deutsch-belgischen Grenze und endet nach knapp 130 Kilometern als Zufluss der Mosel. Die ersten nahezu zwanzig Kilometer ist die Kyll so flach und schmal, dass sie selbst mit dem Kanu nicht gut befahrbar ist, weshalb wir, Lea, Cleo und ich, erst in Jünkerath starteten. Da der Kajakfahrer für die gesamte Kyll nur zwei Tage gebraucht hatte, gingen wir davon aus, dass von Gründonnerstag bis Ostermontag die etwa hundert Kilometer bis zur Einmündung in die Mosel locker zu schaffen sein müssten. Mit meinem Sohn Erik war vereinbart, dass er uns dort abholen würde – oder wo immer wir dann waren.

Wir setzten das Kanu ein, luden alles ein: Zelt, Schlafsäcke, Isomatten, Angelausrüstung, Watstiefel, Wanderschuhe, Axt, Säge, Hundefutter, Lebensmittel, Trinkwasser, Wein, Filmkamera, Stativ, Bestimmungsbücher, Kartenmaterial, Smartphone, Ladegeräte und, und, und. Das nimmt heutzutage ja kein Ende mehr. Ein Ostergeschenk für Lea und Cleo nicht zu vergessen. Die Wetterprognose war gut, die Bäume zeigten ihr erstes zartes Grün, die Natur war am Erwachen, wie man so schön sagt, und wir waren voller Vorfreude. Hochmotiviert paddelten wir los. Kurz hinter Jünkerath knirschte es unter dem Kiel. Ich sprang ins Wasser, zog das Kanu über die seichte Stelle, und weiter ging es. Die Kyll schlängelte sich durch eine malerische Landschaft. Weiden, Schwarzerlen, ein paar Pappeln und Espen und hin und wieder eine Esche säumten die Ufer. Trotz des von Weitem hörbaren Straßenverkehrs waren wir schon nach wenigen Kilometern in die Eifelwildnis eingetaucht. Abends kamen wir an ein Wehr, ein guter Punkt, um das Nachtlager aufzuschlagen. Am nächsten Morgen fingen wir noch zwei Forellen fürs Abendessen, und dann ging es weiter.

Das erste Interessante, das wir entdeckten, war das Gehäuse eines Signalkrebses. Leider, denn der Neozoon aus Nordamerika – Neozoen sind ursprünglich nicht in Deutschland heimische Tiere, die entweder eingeschleppt wurden oder eingewandert sind – verdrängt nicht nur die drei bei uns heimischen Flusskrebse Edelkrebs, Steinkrebs und Dohlenkrebs, denen er an Größe und Aggressivität überlegen ist, sondern brachte außerdem aus seiner Heimat einen hochansteckenden Stamm der Krebspest mit, eine bei unseren Flusskrebsen tödlich verlaufende Pilzerkrankung, der gegenüber er selbst resistent ist. Kurz darauf entdeckten wir prompt vier lebende dieser wirklich großen Krebse. Immer wieder knirschte es, manchmal mussten wir beide aus dem Kanu raus, um es über die flache Stelle bugsieren zu können. Dann wurde die Strömung immer schwächer, was uns ziemlich irritierte, weil der Kajakfahrer geschrieben hatte, dass auf der Kyll die Post abgeht.

Auf einmal lagen auch noch Bäume quer über dem Fluss, an denen sich Treibholz aufstaute. Da war kein Durchkommen, nicht einmal mit Axt und Säge. Wir mussten das Kanu fast komplett entladen, konnten es aber wenigstens über taufeuchtes Gras ziehen, statt es tragen zu müssen. Erst zweihundert Meter weiter konnten wir es wieder einsetzen. Hätten wir nur zuerst die kommenden Biegungen zu Fuß erkundet, denn keine fünfhundert Meter weiter tauchte das nächste Hindernis auf. Alles von vorn: Kanu entladen, um das Hindernis herumziehen, beladen. Kurz darauf trafen wir auf drei Fliegenfischer, die uns erzählten, dass es noch mindestens ein halber Kilometer bis zu offenem Gewässer ist. Also zogen wir das Kanu wieder einmal, statt damit zu paddeln. Zum Glück kamen uns keine Koppelzäune oder Ähnliches in die Quere. Das hätte noch gefehlt. Dann endlich tatsächlich freies Gewässer. Mehr oder weniger. Über ein kleines Wehr fuhren wir problemlos drüber, und unter einer Brücke passten wir gut durch. Jetzt hatten wir auch wieder Muße, die Umgebung zu genießen. Wir sahen Wasseramseln, Gebirgsstelzen, Zaunkönige, Graureiher, Eisvögel, verschiedene Drosseln, einen Rotmilan, Bussarde und Turmfalken. Am späten Nachmittag liefen wir auf die nächste Barriere aus Treibholz auf, klein genug, um ihr mit

Säge und Axt zu Leibe zu rücken. Das hätte ich mir sparen können, denn kurz darauf lag ein Riesenbaum quer über der Kyll und versperrte uns die Weiterfahrt.

Wir waren erschöpft von der Schlepperei, frustriert, denn natürlich hatten wir uns die Tour anders vorgestellt, und hungrig, da wir den ganzen Tag nicht zum Essen gekommen waren. Da entdeckten wir eine idyllisch gelegene Wiese, auf der wir unser Nachtlager aufschlagen konnten. Weit und breit war kein Gehöft, kein Weidezaun, kein Vieh zu sehen, also gingen wir davon aus, dass wir uns auf öffentlichem Grund befanden. Der Rastplatz hätte kaum romantischer sein können. Riesige knorrige Weiden und dazwischen vereinzelt Pappeln, Erlen und Espen wachten über die sich sanft dahinschlängelnde Kyll. Bis wir zum ich weiß nicht wievielten Mal an dem Tag das Kanu entladen hatten und das Zelt stand, wurde es bereits dunkel. Über einem kleinen Lagerfeuer brieten wir die am Morgen gefangenen Forellen, während als ein Highlight des Tages bestimmt an die zwanzig Fledermäuse über unsere Köpfe hinweghuschten. Mitten in der Nacht wurden wir wach, weil zwei leere Weinflaschen klapperten. Als ich mit der Taschenlampe ins Freie leuchtete, erwischte ich einen Fuchs dabei, wie er unsere Lebensmittelvorräte inspizierte. Eine geraume Weile beobachtete das Tier, wie wir trotz tiefster Nacht ein gutes Bild von ihm zu schießen versuchten, und verschwand schließlich mit Käse und Pumpernickel im Maul in der Dunkelheit.

Am nächsten Morgen liefen wir zu Fuß das Ufer entlang und mussten feststellen, dass der Fluss auf mindestens noch zwei Kilometern immer wieder blockiert war. Dazu kam, dass sich auf dieser Strecke zwischen den Bäumen, die noch nicht in die Kyll gestürzt waren, der Riesenbärenklau, der als giftige Pflanze bei Berührung schweren Verbrennungen auf der Haut hervorrufen kann, ausgebreitet hatte und den Zugang zum Ufer mehr oder weniger versperrte. Wir entschieden, die Kanutour abzubrechen und die restlichen Tage an Ort und Stelle zu verbringen. Kurz darauf kam ein Mann auf einem Traktor angetuckert, also standen wir wohl doch auf Privatgrund. Wir fragten ihn, ob wir zelten und abends ein kleines Feuerchen machen dürften. Wir erklärten auch gleich, dass wir einen kleinen Klappspaten dabeihatten, um unsere menschlichen Abfälle zu vergraben, und sonst nichts zurücklassen würden. Der Mann nickte nur und fuhr wieder davon.

Die nächsten Tage lagen wir in der Sonne und erzählten uns Geschichten, oder wir streiften umher oder gingen angeln. Auf der Suche nach weiteren Signalkrebsen entdeckten wir ein Flussneunauge, ein fischähnliches, aalartiges lebendes Fossil. Wir konnten unser Glück kaum fassen. Neunaugen gibt es seit über fünfhundert Millionen Jahren. Sie sind so alt, dass sie nicht einmal einen Unterkiefer haben; dieser Knochen entwickelte sich erst im späteren Lauf der Evolution. Die vom Aussterben bedrohten Tiere haben natürlich nicht wirklich neun Augen. Sondern achtzehn. Spaß beiseite. Ihre sieben runden Kiemenöffnungen muten wie Augen an und ergeben zusammen mit der unpaaren Nasenöffnung und dem tatsächlichen Auge auf jeder Körperseite neun »Augen«.

Diese Tour hatte uns – trotz guter Vorbereitung und Planung und obwohl wir nur zehn Flusskilometer statt der geplanten hundert geschafft hatten – letztlich viel Abenteuerliches, Spannendes und mehr als nur ein bisschen Unvorhersehbares geboten und uns ein paar herrliche Tage beschert. Noch heute denken wir gern an dieses Osterwochenende zurück. Das Fazit aus der Geschichte: Man muss nicht in die weite Welt hinaus, um Besonderes zu erleben.

Und man muss auch nicht in die weite Welt hinaus, um große, beinahe urzeitliche Tiere zu sehen.

Wisente – Urrinder auf Bewährung

Vor einigen Jahren hatte der inzwischen verstorbene Richard Prinz zu Sayn-Wittgenstein-Berleburg die Idee, im nordrhein-westfälischen Rothaargebirge Wisente – seltener auch Europäische Bisons genannt – auszuwildern. Naturschutzkreise, Wildtierstiftungen und Teile der Bevölkerung begrüßten das Vorhaben, während es Waldbesitzer und Förster teils vehement ablehnten, da sie durch die riesigen Tiere erheblichen Verbiss fürchteten – ein ausgewachsener Wisent kann es auf die stattliche Widerristhöhe von 1,90 Metern bringen und auf bis zu neunhundert Kilogramm Gewicht. Wieder andere wandten ein, dass der Wisent nicht in unsere Landschaft gehöre, was völliger Quatsch ist, da er ursprünglich hier heimisch war. Nach langem Hin und Her erteilte das Landesumweltministerium seinen Segen zur Auswilderung, und 2013 wurden acht Wisente in die Freiheit entlassen. Nun hätte Ruhe einkehren können. Doch es traten dieselben Probleme auf wie mit allen großen oder charismatischen Wildtieren. Wir finden ihre Rückkehr toll, solange sie sich an das Gebiet halten, das wir für sie vorgesehen haben, beziehungsweise an die Grenzen, die wir ihnen vorgeben – typisch deutsches Denken. Doch ist es schnell vorbei mit unserer Toleranz, sobald Wildtiere Schäden verursachen.

Bei den Wisenten kam beides zusammen. Sie scherten sich nicht darum, auf wessen Grund und Boden sie es sich schmecken ließen. Das wäre im Grunde nicht weiter schlimm gewesen, da Wisente eigentlich reine Raufutterverwerter sind, also hauptsächlich Gras und krautige Pflanzen fressen. Statt aber den Waldgrasbewuchs niedrig zu halten, was ein willkommener Nebeneffekt der Wiederansiedlung gewesen wäre, fingen die Tiere an, Bäume, allen voran Rotbuchen, zu schälen. Während Prinz Richard, der sein ganzes Herzblut in das Projekt gesteckt hatte, die Schäden, die die Tiere auf seinem Besitz anrichteten, in Kauf nahm, wollten die kleinen Waldbauern der Gegend, die keine andere Einnahmequelle als ihren Wald hatten, sie nicht einfach so hinnehmen. Sie forderten, dass die Wisente in ein Gehege gesperrt werden müssten. Wildtiere sind laut Gesetz aber eine »herrenlose Sache«, was bedeutet, dass niemand für den Schaden geradestehen muss, den sie anrichten. Darauf berief sich die Haftpflichtversicherung, die der Trägerverein Wisent-Welt-Wittgenstein e.V. extra für die Wisente abgeschlossen hatte, weil die Tiere ja im Anschluss an eine Gefangenschaft die Freiheit wiedererlangt hätten. Die Wälder der Sayn-Wittgensteins einzuzäunen, um die Wisente drinnen zu halten, kam jedoch nicht infrage, denn auch in privaten Wäldern sind Zäune ja nur um Jungbaumbestände erlaubt, ansonsten herrscht Betretungsrecht.

Der Streit wogte jahrelang und ging sogar bis vor den Bundesgerichtshof, bis sich die Waldbauern und der Verein Wisent-Welt im Frühjahr 2019 auf einen Kompromiss einigten. Die Tiere sollten fortan auf einem staatlichen Projektgebiet leben und von einem Wildzaun zurückgehalten werden, der zwar für die Wildrinder ein Hindernis ist, nicht jedoch für Wanderer und kleinere, also alle anderen Wildtiere. Ein dreiviertel Jahr später grübelte das Düsseldorfer Umweltministerium noch immer über Umsetzung und Kosten.

Ist es sinnvoll, solch große Tiere in Deutschland auszuwildern? Wo ohnehin schon heftig diskutiert wird, ob wir nicht zu viele Pflanzenfresser im Wald haben, vor allem Rotwild. Jetzt auch noch Wisente. Auch in meiner Brust schlagen da zwei Seelen. Ich kann die Waldbauern verstehen, die um ihre Bäume und damit ums wirtschaftliche Überleben fürchten. Ich habe mir selbst Schäden angeschaut, die diese Tiere angerichtet haben, sie sind wirklich ganz enorm. Ein privater Waldbesitzer erzählte der *Zeit,* dass die Wisente seit ihrer Freisetzung 2013 schätzungsweise sieben- bis achthundert seiner Bäume angefressen hätten. Auf der anderen Seite muss man ganz klar sagen, dass diese Tiere ja keine Neozoen sind, die ein spleeniger Adliger aus Jux und Dollerei ausgewildert hätte, sondern dass Wisente mal in Deutschland heimisch waren. Ich persönlich finde das Projekt sehr spannend. Es bedarf halt einer aufwendigen Betreuung.

Bei der Befindlichkeit, die wir haben, und angesichts der Tatsache, dass so viele Interessenkonflikte aufeinanderprallen, frage ich mich ganz oft, wie viel Natur, wie viel Wildnis Deutschland außerhalb der Nationalparks verträgt. Nun sind Wisente sehr große massige Tiere, aber es gibt ja auch gegen kleine Wildtiere Vorbehalte, wie zum Beispiel gegen Luchse oder Fischotter. Der Fischotter war lange Zeit aus Deutschland verschwunden. Der hübsche kleine Marder hatte einen üblen Ruf als Fisch- und Lammräuber, und da er außerdem ein unglaublich dichtes Fell hat, das hervorragend vor Kälte und Nässe schützt, war er gnadenlos gejagt worden. Fische sind zwar tatsächlich Hauptbestandteil seiner Nahrung, doch frisst er überwiegend kleine Arten, vor allem aber geschwächte Tiere, wodurch er zur Gesunderhaltung der Fischbestände beiträgt. Allmählich kehrt der Fischotter von Osten her nach Deutschland zurück, was eigentlich ein Grund zur Freude sein sollte, denn er ist ein Indikator für saubere Gewässer. Nichtsdestotrotz ist er nicht sehr willkommen, jedenfalls nicht bei den Karpfenzüchtern in Franken und Bayern, an deren gedecktem Tisch er sich recht gern einmal bedient.

Es ist eine unermessliche Anmaßung von uns Menschen, zu entscheiden, wer bei uns leben darf und wer nicht, eine Anmaßung, die einige fassungslos und sehr traurig, hilflos und wütend macht, während andere, und das sind leider sehr viele, sich in ihrer Haltung bestätigt sehen. So richtig tief wird der Graben, wenn es um den Wolf geht.

»Bruder« oder Menschenfeind?
Der Wolf

Meinen ersten frei lebenden Wolf in Deutschland sah ich 2008. Das war in der Lausitz, wo 1996 überhaupt erstmals wieder ein Wolf auf deutschem Boden gesichtet worden war – und knapp hundert Jahre davor, im Jahr 1904, offiziell der letzte Wolf geschossen wurde. Schon er war höchstwahrscheinlich »nur« ein Zugewanderter, denn die Spur des letzten deutschen Wolfrudels hatte sich bereits Mitte des 19. Jahrhunderts verloren. Der Neuzugang von 1996 und alle nach ihm kamen aus Polen, und es war eine Sensation, als die ersten Wolfswelpen in Deutschland geboren wurden. Laut Stand vom Monitoringjahr 2018/2019 leben mittlerweile 105 Wolfsrudel (im Jahr davor waren es nur 77), 25 Wolfspaare und dreizehn Einzeltiere bei uns, die meisten in einem Band, das sich von Brandenburg und Sachsen bis weit nach Niedersachsen hinein zieht. Man geht von knapp dreihundert frei lebenden erwachsenen Wölfen aus.

Sehr häufig findet man Wölfe auf Truppenübungsplätzen. Bei »Truppenübungsplatz« denkt man als Mensch sofort an schwere Panzer, marschierende Soldaten, laute Kanonenschüsse; ein Wolf hingegen sieht darin ein großes unbesiedeltes Gebiet ohne Straßen, das die meiste Zeit des Jahres sich selbst überlassen bleibt und wo er nur für kurze Zeit durch Manöver gestört wird – wenn überhaupt, denn viele Truppenübungsplätze werden nicht mehr als solche genutzt und sind heute wahre Naturparadiese.

Die Begegnung in der Lausitz, genauer auf dem Truppenübungsplatz Oberlausitz, war so kurz, dass ich mir nicht einmal sicher war, tatsächlich einen Wolf gesehen zu haben. Der Wolf ist extrem scheu, weshalb die Wahrscheinlichkeit, einen in freier Wildbahn zu erspähen, gegen null tendiert. Für einen Luchs gilt im Übrigen dasselbe. Wenn man wider Erwarten doch einem Wolf begegnet, sollte man sich glücklich schätzen, dass einem dieses einzigartige Naturerlebnis vergönnt ist, und den Moment genießen. Und wie verhält man sich? Das Wichtigste ist: ruhig bleiben, auf keinen Fall das Fernglas hochreißen oder hektisch die Kamera oder das Handy aus der Tasche fummeln, denn sonst ist das Tier im Nu verschwunden. Dann leise zu sprechen anfangen, allmählich ein bisschen lauter werden. Wenn man Rückenwind hat, wird das Tier über kurz oder lang Witterung bekommen und sich zurückziehen. Hat man einen Hund dabei, kann es sein, dass er das Interesse des Wolfes weckt. Es gab Fälle, wo Wölfe, offensichtlich Jungwölfe, im Abstand von vielleicht vierzig oder fünfzig Metern parallel zu einem jungen Hund und dessen Führer durch den Wald gelaufen sind. Sobald ihre Neugier befriedigt war, verschwanden sie, und alles war gut. Wenn man bedenkt, wie oft es zu teils sehr heftigen Beißereien kommt, wenn sich Hunde im Stadtpark begegnen …

Ich lief mit Cleo zu der Stelle, wo ich das Tier gesehen hatte. Dort nahm Cleo sofort die Rotwildfährte auf, der offenbar auch der Wolf gefolgt war, interessierte sich aber kein bisschen für die Fährte des Wolfs. Bei Cleos Vorgängerin Cita war es genauso gewesen. Wenn wir in Alaska unterwegs waren und Wölfe heulen hörten, ließ sie das völlig kalt. Und als einmal ein Wolf direkt auf uns zukam, knurrte Cita, wie sie es bei einem Fuchs, Luchs oder Marder getan hätte, aber nicht bei einem Hund. Hunde sehen in einem Wolf offensichtlich keinen Verwandten, sondern etwas völlig Fremdes.

So wie viele von uns Menschen auch. Kaum ein anderes Tier verbreitet so viel Angst und Schrecken in Deutschland und polarisiert die Bevölkerung so sehr wie der Wolf. Die Gründe dafür liegen weit in der Vergangenheit. In alter Zeit verehrten wir den Wolf, bewunderten seinen Geruchssinn, sein ausgezeichnetes Gehör, seine Schnelligkeit, sein Jagdgeschick. Er galt zudem als Vermittler zwischen materieller und geistiger Welt, als spiritueller Helfer. Bei den Hunnen war der Wolf Stammesvater, bei einigen Indianerstämmen gilt er bis heute als »Bruder«, und in der römischen Mythologie war eine Wölfin die Retterin und Ziehmutter von Romulus und Remus, den angeblichen Gründern Roms.

Das Blatt begann sich zu wenden, als der Mensch sesshaft wurde und mit der Viehzucht begann. Er ging aber weiterhin auf Jagd, und da er nicht mehr irgendwann weiterzog, konnte sich der Wildtierbestand nicht erholen. Zugleich kredenzte er mit seinen Schafen, Ziegen und Rindern den Wölfen Beute sozusagen auf dem Silbertablett. Wolf und Mensch wurden Nahrungskonkurrenten. Dann kam die Zeit der großen Kriege, von Pest und Hungersnöten. Irgendwann war das letzte Schaf, die letzte Ziege geschlachtet, waren die Wälder leergejagt. Da nimmt es nicht wunder, dass sich hungrige Wölfe – genauso im Übrigen auch Bären, Luchse, Raben oder Bussarde – über die Leichen auf den Schlachtfeldern hermachten. Vom Leichenfledderer zum Menschenfresser war es in der Überlieferung dann nur noch ein kleiner Schritt.

Im Zusammenhang mit dem Werwolf hatte Karin Johannisson, eine schwedische Ideenhistorikerin, einen, wie ich finde, interessanten Gedankengang. Sie glaubte, dass die Vorstellung eines solchen Wesens an der Schnittstelle zweier Welten aus der Tatsache entstand, dass sich der Wolf im Grenzgebiet zwischen Wald und Kulturlandschaft, zwischen Wildnis und Zivilisation bewegt, ein ungezähmtes Tier, das dennoch in der Nähe des Menschen lebt. Vielleicht bezeichnet man auch deshalb die übermäßig starke Körperbehaarung eines Menschen, die auf einem seltenen Gendefekt beruht, als Werwolfkrankheit und nicht zum Beispiel als Katzen-, Hunde- oder Bärenkrankheit.

Der Wolf seinerseits steht von seiner ursprünglichen Natur her dem Menschen vorbehaltlos gegenüber. In seiner Wahrnehmung sind wir ein anderer großer Beutegreifer, und die gehen sich normalerweise aus dem Weg. Es sei denn, dass sie dieselbe Beute beanspruchen; das dürfte bei Wolf und Mensch aber ziemlich unwahrscheinlich sein. In Gegenden, wo der Wolf noch nie zuvor einen Menschen gesehen hat, kommt er unter Umständen näher, bis er mit seiner Nase feststellt, ah, das ist ein anderer Beutegreifer, und damit ist der Fall für ihn erledigt. Erst die jahrhundertelange Bejagung machte den Wolf so extrem scheu und ängstlich, wie wir ihn zumeist kennen. Nachvollziehbar, denn wenn die Begegnung mit Menschen bedeutet, dass es knallt und dann wieder einer aus dem Rudel fehlt, lernt man, Menschen aus dem Weg zu gehen. Und dieses Wissen wird an die Welpen weitergegeben.

Wieso aber wanderte der Wolf überhaupt nach Deutschland, statt in Polen zu bleiben, wo die Wälder schöner und größer sind? Und wieso blieb er hier, in einem Land voller Menschen und gefährlicher Straßen und Autobahnen? Zum einen gab es immer mehr Wölfe in Polen und Tschechien und vor allem den östlich daran angrenzenden Ländern, sodass Jungtiere zunehmend gezwungen waren, auf der Suche nach einem eigenen Territorium nach Westen zu ziehen. Zum anderen war in der Lausitz, lange bevor die ersten Wölfe dorthin kamen, Muffelwild ausgesetzt worden. Die Mufflons, die noch nie einen Wolf gesehen hatten, sahen in ihm keinen Feind, nahmen daher nicht Reißaus und waren so leichte Beute. Außerdem schmeckten sie gut. Und obwohl von Natur aus vorsichtig und scheu, versteht es der Wolf überdies, aus der Nähe zum Menschen seinen Nutzen zu ziehen. Wo Menschen sind, ist Nutzvieh, und aus Sicht des Wolfs ist es nur logisch, dass er sich auch mal am Büffet bedient, sprich an den Schafen oder Ziegen auf einer Koppel, statt auf kräftezehrende Jagd zu gehen. Und selbst wenn alle Landwirte in der Lausitz ihre Weiden mit einem Elektrozaun sichern sollten, bliebe ja immer noch das Wild, das in Deutschland überreichlich vorhanden ist: Rehwild, Rotwild, Schwarzwild, Damwild ... Alles in allem war und ist der Tisch üppig gedeckt, was nicht nur das eigene

Überleben sichert, sondern auch den Fortbestand der Art. Warum also sollte der Wolf nicht hier bleiben wollen?

Seit der Wolf nach Deutschland zurückgekehrt ist, wird heftig darum gestritten, ob er ein dauerhaftes Aufenthaltsrecht bekommen soll. Die einen begrüßen seine Rückkehr, nicht zuletzt, weil sie ihn für ein wichtiges Element im Ökosystem halten, die anderen würden am liebsten sämtliche Wölfe schießen, weil der Wolf, so behaupten sie, eine Gefahr für Mensch und Tier sei. In einer umfassenden Studie des Norwegischen Instituts für Naturforschung (NINA), nachzulesen auf www.nina.no, wurden Berichte von Wolfsangriffen auf Menschen aus beinahe fünf Jahrhunderten aus Europa, Russland, Asien und Nordamerika untersucht und auf ihren Wahrheitsgehalt geprüft. Die Studie kam zu dem erstaunlichen Schluss, dass, verglichen mit den Übergriffen anderer großer Beutegreifer oder Wildtiere allgemein, Wölfe zu den am wenigsten gefährlichen Tieren gehören. So gab es in den letzten fünfzig Jahren, die in der Studie dann letztlich ausgewertet wurden, in ganz Europa nur neun belegte Fälle, in denen ein Wolf einen Menschen tötete, und in fünf der Fälle hatte das Tier Tollwut – eine Krankheit, die in Deutschland seit Jahren ausgerottet ist. Übrigens: Die meisten durch Tiere verursachten Todesfälle in Deutschland gehen auf das Konto von Insekten, speziell Bienen, Hummeln und Wespen.

Ein häufiges Argument der Wolfsgegner sind Angriffe auf Nutztiere, in erster Linie Schafe und Ziegen. Manchmal tötet der Wolf mehr Tiere, als er fressen kann, und die Presse ist dann schnell mit reißerischen Begriffen wie »Blutrausch« zur Stelle. Das ist völliger Schwachsinn. Wir Menschen geraten vielleicht in einen Blutrausch, wenn wir in Kriegen wie Berserker unsere Gegner niedermachen, aber bei Tieren ist es nicht so. Eine Ursache, dass ein Wolf »wütet«, ist, wenn eine Herde so eingepfercht ist, dass die Tiere nicht auseinanderlaufen können. Dann kann es passieren, dass der Jagdinstinkt des Wolfs durch die vergeblichen Fluchtversuche immer wieder angefacht wird, bevor er dazu kommt, sich an einem Riss gütlich zu tun. Ein anderer Grund ist, dass sich der Wolf einen Nahrungsvorrat anlegen möchte. Wer einen Hund hat, weiß, dass der, wenn er satt gefressen ist und die Möglichkeit dazu hat, den Knochen oder sonstige Reste verbuddelt, mit dem Gedanken, das grabe ich mir in ein paar Tagen oder einer Woche wieder aus. So macht es eben auch der Wolf.

Natürlich ist es für den Bauern oder den Schäfer bitter, wenn eines seiner Tiere gerissen wird; und noch schlimmer ist es für ihn, wenn er mehrere Tiere auf einen Schlag verliert, wovon keiner etwas hat, auch der Wolf nicht. Der entscheidende Punkt aber ist, dass die Hauptnahrung der Wölfe aus Wildtieren besteht. Laut dem Senckenberg Museum für Naturkunde in Görlitz, das über sechstausend Kotproben aus den Jahren 2001 bis 2016 untersuchte, ernähren sich Deutschlands Wölfe vorwiegend von Rehen (52,7 Prozent), Wildschweinen (17,6 Prozent), Rotwild (15,1 Prozent) sowie anderen Huftieren, Hasen und weiteren Säugetieren (13,4 Prozent). Mit gerade einmal 1,1 Prozent spielen Nutztiere kaum eine Rolle. Und ihr Anteil am Speiseplan des Wolfs kann verringert werden, indem man die Weiden wolfsgerecht einzäunt: mit einem Zaun von mindestens 1,10 Meter Höhe, 4000 Volt Spannung und dem untersten Draht knapp über dem Boden, damit sich der Wolf nicht darunter durchgraben kann – und/ oder, indem man Herdenschutzhunde einsetzt. Hier stimmt meines Erachtens auch die Verhältnismäßigkeit nicht. Wir akzeptieren um die 3600 Verkehrstote jedes Jahr, wir akzeptieren Jahr für Jahr Tausende Selbstmorde als Folge von Stress, aber wir akzeptieren nicht, wenn ein Wolf ein Schaf oder eine Ziege reißt. In Polen, Tschechien oder Slowenien, wo der Wolf oder der Bär nie verschwunden war, gehen die Menschen meiner Erfahrung nach entspannter mit der Anwesenheit dieser Tiere um. Wenn ich sie darauf anspreche, wie es sich damit lebt, einen großen Prädator so nahe zu wissen und unter Umständen auch mal ein Nutztier an ihn zu verlieren, wissen sie oft gar nicht, was meine Frage soll, denn »das war doch schon immer so«.

Bei uns wird ein solcher Wolf gleich zum Problem erklärt. Insofern fand ich den Fall Kurti sehr bedenklich. Als im April 2016 in Niedersachsen MT6, so die wissenschaftliche Kennung des »Problemwolfs« mit dem Spitznamen Kurti, von einem Scharfschützen der Polizei »letal entnommen« wurde, wie es im Behördendeutsch so verharmlosend hieß – also getötet wurde –, war ich schockiert. Kurti war der erste Wolf seit der Rückkehr der Tiere nach Deutschland, dem dieses Schicksal widerfuhr, und ich fürchtete, dass es die Hemmschwelle senken und den Schutz dieser Tiere aufweichen könnte, nach dem Motto: Wenn eine Landesregierung einen Problemwolf zum Abschuss freigeben darf, dann mache ich aus jedem Wolf, den ich sehe oder von dem ich fürchte, dass er eines meine Schafe – oder eine Ziege, ein Dam-, Muffel-, Reh- oder sonstiges Wild – reißt, einen Problemwolf. Dabei hatte Kurti nichts dergleichen getan. Sein Fehler war, dass er keine Scheu vor Menschen zeigte und ihnen zu nahe kam. Warum er sich so verhielt, weiß man nicht, vermutet aber, dass er als Jungtier von Menschen gefüttert worden war. Und er soll den Hund einer Spaziergängerin gebissen haben. Soll! Erwiesen ist es nicht.

Von Wolfsgegnern wurde ich für meinen Post »Bruder Wolf« heftigst attackiert. Wolfsfeinde fragen gern: »Können Sie denn garantieren, dass in Deutschland nie ein Wolf einen Menschen angreifen wird?« Natürlich kann ich das nicht. Aber viele Menschen, die Angst davor haben, im Wald einem Wolf über den Weg zu laufen und von ihm angegriffen zu werden – wofür das Risiko gleich null ist –, haben keine Bedenken, sich ins Auto zu setzen und zu riskieren, dass sie zu einem der vielen Verkehrstoten werden, die wir Jahr für Jahr zu beklagen haben. Es ist absurd, einfach nur absurd.

Anfang 2018, als erstmals ein Wolf einen Jagdhund bei der Jagdausübung gerissen hat, kochten die Emotionen wieder einmal hoch. Da wurde gefragt, wie das sein könne. Hatte der Wolf keinen Respekt mehr vor Menschen? Denn bei einer Treib- oder Drückjagd sind ja immer auch Jäger zugegen. Fotos in der Jagdpresse zeigten den Hund auf einem Bett aus Zweigen in einem Holzsarg aufgebahrt, und die Medien verdrehten die Geschichte. Wie sich bald herausstellen sollte, hatte ein Förster den Hund eines Kollegen in Pension genommen, und während er Bäume auszeichnete, lief der Hund frei umher und war dann auf einmal weg. Tatsache ist wohl, dass der Hund »jagte«, nicht aber, dass er während einer (von Menschen organisierten) Jagd gerissen wurde. Tatsache ist auch, dass er von einem Wolf gerissen wurde, was meiner Meinung nach einer unglücklichen Verquickung von drei Umständen geschuldet ist: Der Hund hatte sich weit von dem Förster entfernt, war also allein unterwegs; er war ein Fremder, somit ein »Eindringling« in dem Revier; dazu kam, dass bei den Wölfen gerade »Ranzzeit« war, und während der Paarungszeit sind die Männchen tatsächlich aggressiver.

Viele Menschen, speziell Jäger, hätten den Wolf gern im Jagdrecht, was bislang nur in einem einzigen Bundesland, nämlich in Sachsen, der Fall ist, vorgeblich, damit nicht erst eine Ausnahmebescheinigung erwirkt werden muss, wenn es mal zu einer Wolfsbejagung kommen sollte. Ich persönlich halte es für keine gute Idee, den Wolf ins Jagdrecht aufzunehmen. Etliche Jäger machen jetzt schon keinen Hehl daraus, dass sie einen Wolf illegal schießen würden, wenn die Chance bestünde, dass sie ungeschoren davonkämen. Und tatsächlich sind, gleich nach dem Straßenverkehr, dem trotz Wildschutzzäunen und Wildbrücken viele dieser herrlichen Tiere zum Opfer fallen, illegale Abschüsse die zweithäufigste Todesursache bei Wölfen – gemäß den berühmten drei s: schießen, schaufeln, schweigen. Ich gehe davon aus, dass jedes Jahr zwischen zehn und zwanzig Wölfe illegal geschossen werden. Und das, obwohl es eine schwerwiegende Straftat ist, ein Tier zu töten, das unter Naturschutzrecht steht. Es gibt erstaunlich wenige Tiere, die in Deutschland dem Naturschutzrecht unterliegen; der Wolf gehört glücklicherweise dazu. Wenn er dem Jagdrecht unterläge, ein illegaler Abschuss somit »nur« ein Jagdvergehen wäre, würde das meiner Meinung nach die Hemmschwelle stark senken. Der große Nachteil am Naturschutzrecht ist allerdings, dass ein Jäger, der einen schwer verletzten Wolf oder ein anderes unter Naturschutz stehendes Wildtier findet, diesem nicht den Fangschuss geben darf, um ihm unnötige Qualen zu ersparen. Nein, er muss einen Tierarzt rufen, der das Tier erst betäubt und ihm dann die Todesspritze verpasst.

Um auf das »wichtige Element im Ökosystem« zurückzukommen: Der Wolf jagt selektiv und sortiert vorwiegend alte, kranke, schwache und verletzte Tiere aus. Vielleicht sogar besser als so mancher Jäger. Demnach wäre er eigentlich ein Verbündeter der Jäger. Nur, dass die das in der Regel ganz anders sehen. Zum anderen schützen Wölfe in gewisser Weise auch den Wald. Dazu muss ich etwas ausholen. Rotwild ist ursprünglich ein Bewohner offener Graslandschaften. Dort kann es äsen, wann immer es hungrig ist, es sieht seine Feinde schon von Weitem, sodass es frühzeitig flüchten kann, und die Flucht fällt in offenem Gelände leichter. Der Jagddruck durch den Menschen und dass wir fast überall gegenwärtig sind, hat das Rotwild in den Wald getrieben. Tagsüber steht es nun sehr viel in Dickungen, man könnte fast sagen, es versteckt sich da vor dem Menschen, und wagt sich erst nachts wieder hervor. Da es aber auch tagsüber fressen will, schält es im Wald die Rinde der Bäume ab und verbeißt Triebe. Außerdem verursachen die Hirsche Fegeschäden, wenn sie ihr Geweih an Bäumen und Sträuchern reiben. Kurz: Sie richten einen »Waldwildschaden« an, wie es in der Fachsprache heißt. Und der kann da, wo es viel zu viel Schalenwild gibt, ganz erheblich sein. Und zu viel Schalenwild gibt es beinahe in ganz Deutschland: Hier leben erstaunlicherweise nämlich mehr Rehe, Hirsche, Damhirsche oder Wildschweine als in Ungarn, Rumänien oder Polen. In dem Moment aber, wo wieder Wölfe zugegen sind, dreht sich das Ganze. Sie regulieren den Bestand, aber nicht nur das. Es gibt dazu tolle Beispiele speziell aus Brandenburg, wo relativ viele Wölfe leben. Im Monitoringjahr 2018/19 waren es 41 Rudel (die Rudel bestehen in Deutschland im Schnitt aus fünf bis zehn Tieren) und acht Paare. Das sind genug, dass das Wild darauf reagiert. Es ist aufmerksamer, und speziell das Rotwild steht nun Tag wie Nacht im sogenannten Offenland und richtet als Folge deutlich weniger Waldwildschaden an. Der Wald wächst wieder, und zwar besser als vorher.

Der Wolf ist einerseits extrem sozial, andererseits ist er die schiere Verkörperung von Wildheit, von Unangepasstheit und Unkontrollierbarkeit. Heute ist er hier, morgen da, dann taucht er plötzlich ab, ist vielleicht drei Monate später auf einer Wildtierkamera wieder zu sehen – oder bleibt verschwunden. Ein solches Tier hat es schwer in einem Land, in dem alles reglementiert ist, sogar, welche Neigung und welche Farbe ein Hausdach zu haben hat. In Schutzgebieten oder auf Truppenübungsplätzen könnte man den Wolf dulden, doch er hält sich nun mal nicht an die Grenzen von Naturschutz- oder Landschaftsschutzgebieten oder von Biosphärenreservaten.

Es wird in Deutschland wohl weiterhin so bleiben, dass die einen sich über die Rückkehr des Wolfs freuen und die anderen ihn verteufeln und abgrundtief hassen. Und ich fürchte, mit Bären wird es ebenso sein.

Bär Bruno
und seine Brüder

Ich wette, dass fast jeder von uns einen Teddybären in seinem Kinderzimmer hatte, Gummibärchen kennt oder Balu, den Hüften schwingenden, gemütlichen Bär aus Rudyard Kiplings *Dschungelbuch* und sein Lied »Probier's mal mit Gemütlichkeit«. Bären im Zoo oder in anderen Freigehegen amüsieren uns mit ihren Possen. Es gibt die Firma Bärenmarke, Honiggläser in Bärenform, Schokoladenbären von Lindt und flauschige Wärmflaschen in Bärenform. Man könnte die Aufzählung noch eine ganze Weile fortsetzen. Tatsache ist, dass wir Bären lieben und sie drollig finden.

Ich erinnere mich noch an den Namen meines Teddybären aus Kindertagen; er hieß Brummel. Den ersten lebenden Bären bekam ich, soweit ich mich erinnern kann, im Gothaer Zoo zu Gesicht. Er sah immer furchtbar traurig aus. Und er wiegte fast unablässig den Kopf hin und her – eine der vielen möglichen Folgen des Eingesperrtseins. Mein Großvater gab mir bei jedem Zoobesuch ein Zuckerstückchen, das ich dem Bären zuwerfen durfte, und sagte dann: »Schau, nun bedankt er sich bei dir für den Zucker.« Das war seine Interpretation.

Wenn ich in einer Schulklasse in Deutschland einen Vortrag halte und die Kinder auffordere, Bären zu malen, sehen die Tiere immer aus wie Teddybären: freundlich, rundlich, plüschig, kuschelig. Als ich einmal die Schüler einer Schule am Yukon River in Alaska bat, Bären zu zeichnen, fielen die Bilder völlig anders aus. Die Bären hatten Krallen, Fangzähne und wirkten bedrohlich. Die Kinder dort haben also eine ganz andere Wahrnehmung – was im Grunde nicht verwunderlich ist, weil sie in unmittelbarer Nähe zu Bären leben, in erster Linie Grizzlys, aber auch Schwarzbären, und daher andere Geschichten mit ihnen verbinden. In Gesprächen stellte ich fest, dass sie Bären eher für aggressiv, aber auch für sehr scheu halten. Ich finde es hochinteressant, welch unterschiedliche Bilder in den Köpfen der Kinder im Bärenland Alaska einerseits und im bärenfreien Deutschland andererseits verankert sind.

Im Jahr 2006 hatten wir dann auf einmal auch in Deutschland einen echten Bären in freier Wildbahn, den ersten seit über 170 Jahren – ein Medienereignis, über das sogar die *New York Times* berichtete. JJ1, besser bekannt als Bruno, war aus Norditalien nach Deutschland eingewandert. Er war zwei Jahre alt, noch nicht einmal in der Pubertät. Dummerweise war seine Mutter Jurka von Menschen gefüttert worden, und so hat Bruno die Gleichung »Mensch ist Futter« in seinen Erfahrungsschatz aufgenommen. Er wusste auch, dass es ein Leichtes ist, an Nahrung zu kommen, indem man eine Mülltonne durchstöbert, einen Bienenstock aufbricht, Hühnerställe plündert oder ein Nutztier reißt – Aktionen, die in einem wohlstrukturierten Land wie Deutschland, wo alles organisiert und reglementiert ist, nicht gelitten sind. Wie schon seine Mutter zeigte Bruno zudem wenig Scheu vor Menschen und spazierte daher mitten durch Siedlungen. Er wurde zum »Problembär« abgestempelt, und die Willkommensfreude schlug in Angst, ja Panik um. Das Tier verhalte sich »abnormal«, hieß es, und sei eine potenzielle Gefahr. Interessanterweise erzählten mehrere Wanderer, die Bruno begegnet waren, dass er sich völlig friedlich verhalten habe. Er sei einfach an ihnen vorbeigelaufen. Oder er habe mal kurz rübergeguckt, dann weiter Gras gefressen. Solche Aussagen zeigen ganz klar, dass dieser Bär niemanden angreifen wollte.

Es gab ein langes Hin und Her. Versuche, Bruno zu betäuben, um ihn anschließend in ein Gehege transportieren zu

Über 200 Kilogramm Körpergewicht kann ein Rothirsch erreichen. Allein das Geweih wird bis zu zehn Kilo schwer. Aus dessen Endenzahl kann man übrigens nicht auf das Alter schließen.

Jedes Jahr im Februar und März werfen die Rothirsche ihr Geweih ab. Innerhalb weniger Tage schließt sich die Sollbruchstelle, und sofort fängt ein neues Geweih zu wachsen an.

Im Juli sind die Geweihe wieder voll ausgebildet, aber noch von »Bast« überzogen. An Büschen und Sträuchern »fegen« die Hirsche dann ihre Stangen, wodurch die oft noch durchblutete Haut abgerieben wird.

Von Amphibien über Vögel bis hin zu großen Säugetieren wie Dachsen oder Wildschweinen fallen in unserem dichten Verkehrsnetz viele Wildtiere dem Straßenverkehr zum Opfer.

Vor der ersten Mahd im Mai kann durch Absuchen der Grünlandflächen vielen Rehkitzen das Leben gerettet werden.

Die Landwirtschaft hat sich in den letzten vierzig Jahren rasant verändert. Die riesigen Felder bieten den Tieren der Offenlandschaften kaum noch Lebensraum.

Artenreiche und blühfreudige Vorgärten sind Anziehungspunkte für viele Insekten.

Selbst das kultivierte Eisenkraut ist über Wochen Nektarspender für die unterschiedlichsten Insekten.

Ungefüllte Blüten wie die der Wiesenglockenblume sind für Insekten leichter zugänglich als gefüllte exotische Blüten.

Ein junger Eichelhäher wurde bei seinen ersten Flugversuchen von einer Katze attackiert und schwer verletzt. Zum Glück hat er überlebt.

Das Beringen von Jungvögeln ist ein Eckpfeiler der Ornithologie. Nur ein Bruchteil der Tiere wird allerdings wieder aufgefunden.

In der Balzzeit können Auerhähne auch Menschen gegenüber aggressiv werden. Meist sind es Vögel, die keinen Kontrahenten ihrer eigenen Art mehr zum Kämpfen finden.

Starendreh für Terra X: mit Professor Peter Berthold bei der Wiesenmahd. Kameramann Frank Gutsche hält die Szene fest.

Ein junger Wendehals nach der Beringung.
Wendehälse gehören zu den Erdspechten.
Die kleinen Vögel ernähren sich mit Vor-
liebe von Ameisenpuppen.

Die Geschwindigkeit der Rotorblätter von
Windkraftgeneratoren ist für Vögel nicht
einschätzbar. Auch Fledermäuse werden
häufig Opfer der riesigen Windräder.

Artenreiche Mischwälder mit einem hohen Laubholzanteil sind deutlich klimastabiler als reine Nadelwälder.

Selbst in heißen, trockenen Sommern funktionieren große Laubmischwälder wie Klimaanlagen.

Den Wald mit all seinen Sinnen wahrzunehmen ist ein tiefes Bedürfnis von uns Menschen und weckt Sehnsüchte und Empfindungen.

Durch die Verdunstung über ihre Blätter sind die Temperaturen in diesen Wäldern deutlich geringer als in Offenlandschaften.

Flachwurzelnde Bäume wie Fichten sind bei Stürmen besonders gefährdet. Oft werden dann ganze Wälder niedergerissen.

Aufgeweichte Waldböden und Orkanböen können sogar laubfreie alte Rotbuchen umstürzen lassen.

Eine gelbschwarze Färbung bedeutet in der Natur: »Ich bin giftig oder ungenießbar.«
Deshalb haben Feuersalamander erstaunlich wenige Fressfeinde.

Der vermutlich größte Ameisenhaufen Deutschlands liegt nicht weit von unserem Berg-
dorf in der Eifel entfernt. Leider ist die Rote Waldameise in ihren Bestandszahlen in den
letzten Jahrzehnten stark zurückgegangen.

Rote Waldameisen tragen maßgeblich zur Gesunderhaltung des Waldes bei. Sie fressen
Aas, durchlüften den Boden und verhindern eine zu starke Vermehrung von Forst-
schädlingen.

Die Widerhaken der Wildkletten haften auch am Fell von Wildtieren. Auf diesem Weg verbreiten sich die Pflanzen auf großen Flächen.

Der Bestand an Schmetterlingen hat dramatisch abgenommen. Hauptursachen sind der massive Einsatz von Insektiziden und der Verlust von Lebensräumen.

Großinsekten wie dieser Sägebock werden in Deutschland immer seltener. Einer der Hauptgründe ist das fehlende Totholz für die Entwicklung der Larven und Puppen.

Der gefleckte Langhornbock, auch Bäckerbock genannt, ist in der Forstwirtschaft nicht sehr beliebt, da sich seine Larve gern in das Kernholz von Nadelbäumen bohrt.

Der Luchs ist die größte Wildkatze Europas. In Deutschland liegt seine Hauptverbreitung im Harz und im Bayerischen Wald, wo er erfolgreich wieder angesiedelt wurde.

Jungdachse mit ihren Eltern in der Wurfhöhle. Oft teilen Dachse sich ihre großen Bauanlagen mit Füchsen.

Wolfsspur im frischen Schnee (links); Wolf auf der Fährte eines Rotwildkalbs, aber in entgegengesetzter Richtung (rechts).

Der Fischotter zählt zur Familie der Marder. Durch umfangreiche Schutzmaßnahmen nimmt seine Zahl in Deutschland stetig zu.

Vielen Menschen ist nicht bekannt, dass im äußersten Osten Deutschlands eine kleine Anzahl von Elchen lebt. Sie sind Zuwanderer aus Osteuropa.

Nisthilfen für Brutvögel, wie hier einen Raufußkauz, sind in Deutschland unerlässlich, da es in unseren Wäldern viel zu wenige Bäume mit natürlichen Bruthöhlen gibt.

Beim Fliegenpilz befindet sich das meiste Gift in der Haut seiner Kappe. Früher wurde sie oft getrocknet als Rauschmittel geraucht.

Steinpilze können eine beachtliche Größe erreichen und zählen zu den aromatischsten aller Speisepilze.

Der Parasolpilz oder Riesenschirmling gehört zur Familie der Champignonverwandten. Er kommt fast flächendeckend in ganz Deutschland in großer Zahl vor.

Lea ist glücklich: die ersten Birkenpilze der Saison!

Heidelbeersträucher sind kälteunempfindlich und kommen bis in die Hochlagen der Gebirge vor. Für ihr Wachstum brauchen sie allerdings lichte Wälder.

Fichtenblüten, die Vorboten der späteren Zapfen, verblüffen durch ihre Schönheit und ihr leuchtendes Rot.

Eichen sind Windbestäuber. Stürmt es zur Eichenblüte im Frühjahr, liegt im Herbst der Waldboden voller Eicheln.

Eine Kanutour auf dem romantischen Rhein zwischen Worms und Bonn ist Abenteuer und Naturbeobachtung zugleich.

Wandertouren in der kalten Jahreszeit sind etwas Besonderes. Dann hat der Wald seinen ganz eigenen Charme und eine außergewöhnliche Ausstrahlung.

Egal ob Wanderung oder Kanutour, am Abend wird das Camp aufgeschlagen und ein Feuerchen gemacht. Dabei sollte man sich allerdings genau an die Gesetze halten.

Viele Vogelmännchen attackieren in der Paarungszeit sogar ihr eigenes Spiegelbild.

Seit vielen Jahren wirft eine Füchsin in unserem Treckerschuppen ihre Jungen. Wird es ihnen dort zu eng, muss die ganze Sippe in den Wald umziehen.

Der amerikanische Signalkrebs verdrängt in unseren Fließgewässern immer mehr unseren europäischen Flusskrebs.

Fast jedes Kind besitzt einen Teddybären, trotzdem ist unser Verhältnis zu realen großen Beutegreifern sehr gespalten.

Kein noch so schlechtes Wetter kann Lea und mich davon abhalten, raus in die Natur zu gehen.

In Notzeiten werden die Tiere des Waldes an langjährigen Fütterungsstellen mitunter sehr vertraut.

Mit ihrem kräftigen Rüssel können Wildschweine auch hart gefrorenen Boden aufbrechen, um an Nahrung zu gelangen.

können, blieben erfolglos, weil der schlaue Kerl nie an einen »Tatort« zurückkehrte. Manche Tierschützer hatten ihre Freude daran, wie Bruno wochenlang die Bärenjäger narrte, die eigens aus Finnland angereist waren, um ihn aufzuspüren. Eine andere Schwierigkeit bestand darin, dass man sehr nah an ihn hätte herankommen müssen, damit der Narkosepfeil durch seine Speckschicht hätte dringen können. Schließlich erteilte das bayerische Umweltministerium die Genehmigung zum Abschuss, und kurz darauf wurde Bruno in die ewigen Jagdgründe geschickt. Dieses Schicksal blieb seiner Mutter, die aufgrund mangelnder Menschenscheu ebenfalls als »Problem« galt, erspart. Sie lebt heute im Alternativen Wolf- und Bärenpark Schwarzwald, während ihr Sohn ausgestopft im Münchner Museum Mensch und Natur steht.

Man muss dazu wissen, dass man Bruno hätte umerziehen können, da Bären mit zu den intelligentesten Säugetieren der Welt gehören und er noch sehr jung und somit lernfähig war. Mit etwas mehr Geduld wäre man Bruno doch noch nahe genug gekommen, um ihm einen Betäubungspfeil verpassen und dann ein GPS-Halsband umlegen zu können. Es wäre für die Wissenschaft großartig gewesen, zu sehen, welche Wanderrouten er nimmt, wo er sich aufhält, wie er sich verhält. Wir haben genügend arbeitslose Förster und Wildbiologen, die ihn hätten beobachten können. Und immer, wenn er einer Schafherde oder einem Bienenstock zu nah gekommen wäre, hätte man ihn »vergrämen« können, sprich Knallkörper gezündet oder ihm vielleicht auch mal mit einem Gummigeschoss eins auf den Pelz gebrannt.

Bruno hätte sehr schnell gelernt, dass ihm die Nähe zum Menschen, zu menschlichen Siedlungen, zu Nutztieren und dergleichen nicht gut bekommt und er sich besser in den Wäldern aufhält. So, wie es »normale« Bären nach Meinung des damaligen bayerischen Ministerpräsidenten Edmund Stoiber tun: »… der normal verhaltende Bär lebt im Wald, geht niemals raus und reißt vielleicht ein bis zwei Schafe im Jahr.«

Wenn Wildtiere überhandnehmen

Ich fand es damals überhaupt nicht gut – und das tue ich bis heute nicht –, dass man JJ1 keine Chance gab. Es gibt aber auch Situationen, in denen ich sehr wohl dafür bin, in die Natur beziehungsweise in die Wildbestände einzugreifen, zum Beispiel, wenn eine Tierart bedrohlich überhandnimmt. In den Nationalparks der USA, wo sich Beutegreifer und Beutetiere die Waage halten, lässt man die Natur Natur sein, was ja der Grundgedanke von Nationalparks ist. In Deutschland ist das anders, weil es hier nicht genügend Prädatoren gibt, allen voran Wölfe und Luchse, die normalerweise die Aufgabe der Bestandsregulierung übernehmen würden. Auch andere selektive Faktoren, wie Wildseuchen oder strenge Winter, sind rar. Daher *müssen* große Pflanzenfresser auf einem umweltverträglichen Stand gehalten, sprich geschossen werden. Andererseits haben wir einen künstlich erhöhten Bestand. Über einen sehr langen Zeitraum, man kann sagen, seit sich nach dem Krieg die Besatzungsmächte zurückzogen, das Bruttosozialprodukt wuchs, es allen wieder besser ging und die Jagd in bestimmten gesellschaftlichen Schichten wieder eine wichtige Rolle spielte, wurde auf Teufel komm raus Wild gehegt. Es wurden – und werden zum Teil bis heute – Unsummen für Jagdpachten bezahlt, und alle verdienen daran: der Staat oder die Gemeinden, die als Jagdgenossenschaften ihre Flächen zur Verfügung stellen und das Jagdrecht verpachten, die Kreise mit der

Jagdsteuer. Damit man mich nicht falsch versteht: Die Jagd ist etwas sehr Natürliches, zu jagen steckt in unseren Genen. Wir waren zu 99,8 Prozent unserer Entwicklungsgeschichte Jäger und Sammler, doch ist das Ganze zeitweise ziemlich aus dem Ruder gelaufen.

All dies sorgte dafür, dass Deutschland das wildreichste Land Europas ist. Man will es gar nicht glauben, aber wir haben tatsächlich mehr Wild als die klassischen europäischen Jagdländer wie Ungarn oder Bulgarien. Das zeigen auch unsere enorm hohen Abschusszahlen. Laut Deutschem Jagdverband wurden im Jagdjahr 2017/2018 zum Beispiel knapp 1,2 Millionen Rehe geschossen, über 800.000 Wildschweine, fast 185.000 Feldhasen, 77.000 Rothirsche und 63.000 Damhirsche. Allein das sind schon unfassbar hohe Zahlen. Und dann sind da an jagdbarem Wild ja noch Sikawild, Gamswild, Wildkaninchen, Fasane, Wildgänse, Wildenten, Füchse, Dachse, Marder und andere.

Die Notwendigkeit einer Bestandsregulierung ist vielen Menschen nicht klar, weshalb sie nicht gut auf Jäger und die Jagd zu sprechen sind. Wenn zum Zweck der Bestandsregulierung in Nationalparks gejagt wird, dann ist das übrigens keine Trophäenjagd, das heißt: Geweihe, Gehörn und so weiter müssen abgegeben werden und werden vernichtet. Auch auf dem afrikanischen Kontinent, beispielsweise in Südafrika, muss der Mensch eingreifen. Dort haben sich die Elefanten aufgrund der paradiesischen Zustände in den Nationalparks – Zäune, die Wilderer abhalten, künstliche Wasserstellen, kein Druck, auf der Suche nach Nahrung und Wasser lange und anstrengende Wanderungen zu unternehmen, die für eine natürliche Auslese vor allem unter den Jungtieren sorgen würden – stark vermehrt und gefährden nun andere Tiere und die Pflanzenwelt, weil sie in ihrem unersättlichen Hunger Bäume und Sträucher kahl fressen.

Vorsicht, Tier!?

Tiere können also unter bestimmten Umständen der Umwelt und damit indirekt natürlich auch uns Menschen schaden, eine direkte Gefahr sind jedoch die wenigsten. Was das angeht, sind wir Menschen jedoch extrem unwissend beziehungsweise haben ein völlig falsches »Wissen«, das mit der Realität nicht übereinstimmt. Oft steckt dahinter Sensationsgier. Wie sonst ist es zu erklären, dass in fast jedem Sommerloch ein gefährliches Tier auftaucht – und zwar im wahrsten Sinn des Wortes. Mal treibt in einem See ein sogar Dackel verschlingender Riesenwels sein Unwesen, mal macht ein vier Meter langes Krokodil den Rhein unsicher. Diese Unholde sind in aller Regel erfunden.

Giftschlangen sind auch immer wieder ein Thema, dabei gibt es in Deutschland nur zwei Arten: die Kreuzotter und die Aspisviper, wobei die Aspisviper ohnehin nur noch im Südschwarzwald vorkommt. Eine schaurige Geschichte rund um eine Kreuzotter geistert mit verschiedenen Abwandlungen seit meiner Jugend durch ganz Deutschland. Sie handelt von einem Liebespaar, das sich zu einem Schäferstündchen auf einer Wiese niederließ. Eine Kreuzotter glitt unbemerkt in den achtlos abgelegten Rucksack, und als das Pärchen zurück in die Stadt fuhr, er vorn auf dem Motorroller, sie hinten mit dem Rucksack auf dem Rücken, wand sich die Schlange hervor und biss die Frau in den Hals, die daraufhin tot vom Roller fiel. Mag sein, dass sich einmal eine Kreuzotter in einen Rucksack oder eine Tasche verirrt, doch wie beinahe alle Schlangen meiden Kreuzottern den Menschen und ergreifen lieber die Flucht, als zu kämpfen. Die Gefahr, von einer Kreuzotter gebissen zu werden, ist daher höchst gering. Im Übrigen ist der Biss zwar sehr schmerzhaft, aber außer für Kinder, alte Menschen oder Allergiker nicht lebensbedrohlich, da die Kreuzotter nur relativ geringe Mengen Gift produziert.

Auf internationaler Bühne ist schon seit Jahrzehnten der Weiße Hai in der Rolle des Bösewichts zu sehen, und jeder Angriff durch eines dieser majestätischen Tiere findet Eingang in die Weltpresse und die Abendnachrichten im TV. Tatsache ist, dass es weltweit pro Jahr nicht einmal zwanzig Attacken auf Menschen durch Weiße Haie gibt, wovon etwa die Hälfte tödlich endet, während allein in Deutschland genauso viele Menschen an Bienen- oder Wespenstichen sterben. Können Sie sich erinnern, dass in den Nachrichten mal der Tod durch den Stich einer Biene die große Schlagzeile war? Gefährlicher als die Kreuzotter oder der Weiße Hai ist mitunter des Menschen bester Freund, der Hund. Eine »leichte Beute«, zum Beispiel ein Mensch, der ein Bein nachzieht, oder ein Kleinkind, das bei seinen ersten Schritten umfällt, kann seinen Jagdtrieb wecken. Streunende Hunde, vor allem, wenn sie zu mehreren sind, greifen besonders gern an. Normalerweise wird aber nichts passieren, wenn ein Hund richtig behandelt und gehalten wird.

Entscheidend ist, dass Wildtiere an sich selten gefährlich sind – eher sterben die Menschen an einer Pilzvergiftung. Es ist meistens unser eigenes Fehlverhalten, das Unfälle heraufbeschwört, weil das Tier sich oder seine Jungen durch uns bedroht oder zumindest empfindlich gestört fühlt. Ich habe in meinen über dreißig Jahren als Tierfilmer äußerst selten eine wirklich ernsthafte Bedrohung durch Tiere gespürt. Zwar ist mehrmals ein Elefant laut trompetend auf mich zugelaufen, ich bin von einer Giftschlange gebissen worden, und ein Keiler hat mir mal das Gesicht aufgeschlitzt und das rechte Schulterblatt angebrochen, aber im Prinzip gingen all diese Vorfälle auf Fehler meinerseits zurück.

In aller Regel machen Tiere zuerst einen Scheinangriff. Wenn im Wald ein Wildschwein mit aufgestellten Borsten und schnaubend auf Sie zukommt, ist das noch lange kein Angriff, sondern eben »nur« ein Scheinangriff. Das Wildschwein will Ihnen sagen: »Hey, du stehst in meinem Wohnzimmer, und nebenan schlafen meine Frischlinge. Verzieh dich!« In einem solchen Fall ist es eine gute Idee, den Rückzug anzutreten, und zwar bedächtig und rückwärts, also mit dem Gesicht zum Tier, was im Übrigen generell für Scheinangriffe gilt, egal von welcher Tierart. Eine schnelle Flucht, bei der man dem Tier den Rücken zuwendet, könnte es veranlassen, Ihnen nachzuhetzen. Wobei es, das gebe ich gern zu, für einen Laien oder den durchschnittlichen Sonntagsspaziergänger nicht einfach ist, zwischen Scheinangriff und tatsächlichem Angriff zu unterscheiden.

Dagegen sind Angriffe des Menschen auf Wildtiere ungleich häufiger. Damit meine ich hier nicht die Jagd, die ist ein eigenes Thema, sondern den Straßenverkehr. Die Wildunfallstatistik des Gesamtverbands der Deutschen Versicherungswirtschaft (GDV) meldete für das Jahr 2017 275.000 und für 2018 rund 268.000 Wildunfälle (die Zahlen für 2019 liegen erst im Oktober 2020 vor). Im Schnitt kollidierten damit jeden Tag rund 750 (2017) beziehungsweise 730 (2018) Wildtiere mit Autos. Diese Zahlen lassen im Unklaren, ob das betroffene Tier dabei verletzt oder getötet wurde. Sie sind außerdem ohnehin nur Anhaltspunkte, da aus Sicht der Versicherer als Wildunfall nur zählt, was einen Schaden am Fahrzeug verursacht, womit eine Kollision mit einem kleineren Tier, beispielsweise einem Igel oder Feldhasen, in der Statistik üblicherweise nicht auftaucht, so wenig wie natürlich Wildunfälle, die der Autofahrer erst gar nicht meldet. Der Deutsche Jagdverband kommt schon allein bei den vier Wildarten Rehwild, Schwarzwild, Rotwild und Damwild auf fast gleich hohe Fallwildzahlen. Als Fallwild werden Wildtiere bezeichnet, die durch »nicht-jagdliche Einwirkungen« den Tod fanden, und das ist in aller Regel der Straßenverkehr. Den motorisierten Primaten rettet hingegen meistens der Airbag, die Knautschzone oder der Seitenaufprallschutz seines Gefährts. Pro Jahr gehen durchschnittlich nur zehn bis zwanzig Wildunfälle tödlich für den Menschen aus.

Der GDV hat die Wildunfälle von drei Jahren nach Monaten ausgewertet und kam zu dem Ergebnis, dass sich die meisten im April und Mai und dann wieder im Oktober und November ereignen. Das hängt unter anderem damit zusammen, dass in diesen Jahreszeiten die Morgen- und Abenddämmerung, in der ja die meisten Wildtiere aktiv sind, mit den Zeiten zusammenfallen, in denen auch die meisten Autofahrer unterwegs sind. Im Herbst spielt natürlich die Brunft mit hinein, in der die Tiere in ihrem Hormonrausch nicht rechts und nicht links schauen und blind für Gefahren über die Straße laufen. In Gegenden mit sehr viel Rehwild steigen daher bereits zu dessen Paarungszeit im Juli die Wildunfälle enorm an. Diese Ballungszeiten hilft es bei Autofahrten in wildreichen Gegenden im Kopf zu haben. Sehr häufig werden Jungtiere Opfer des Straßenverkehrs, die noch nicht gelernt haben, sich vor dessen Tücken in Acht zu nehmen, und daher arglos auf die andere Seite wechseln oder an einem Kadaver auf der Straße fressen. Ebenso fallen Eulenvögel und andere Nachtjäger, die nachts eine überfahrene Maus oder einen angefahrenen Igel kröpfen wollen, dabei oft selbst dem Straßenverkehr zum Opfer.

Wenn Kröten wandern und Kitze sich ablegen – Wildtierrettung

Zweimal im Jahr begeben sich Amphibien auf Wanderschaft. Jedes Frühjahr machen sie sich auf den Weg in ihre Laichgewässer und im Herbst auf die Suche nach einem Erdloch oder Laubhaufen, einem Schacht oder Straßentunnel, nach morschem Holz oder einem anderen Versteck, in dem sie überwintern können. Obwohl unter den Wanderern auch Molche, Salamander und Frösche sind, ist das Phänomen unter dem Namen »Krötenwanderung« bekannt. Vermutlich liegt das daran, dass im Frühjahr Millionen Kröten fast gleichzeitig die Reise antreten, nur kurz in den Laichgewässern bleiben – speziell Erdkröten fühlen sich im Wasser nicht sonderlich wohl – und danach auch beinahe geschlossen den Rückweg antreten. Das ist jedes Mal wie eine Invasion (im Herbst verteilt sich die Wanderung zeitlich und räumlich viel stärker und ist daher weit weniger augenfällig). Die Wanderung der Molche, Salamander und Frösche erstreckt sich dagegen über einen längeren Zeitraum, und sie bleiben gern etwas länger im Wasser, wodurch sich die ganze Migration entzerrt – was sie für die Tiere nicht weniger gefährlich macht, denn in Deutschland mit seinen 650.000 Straßenkilometern und damit einem der dichtesten Straßennetze der Welt müssen sie bei ihrer Wanderung fast unweigerlich mindestens eine, wenn nicht mehrere Straßen überqueren. An sich schon eine höchst riskante

Unternehmung. Besonders gefährlich ist es im Frühjahr, denn dann sind die Amphibien zum Teil noch kältestarr vom Winter und daher sehr langsam. Außerdem wandern sie gern in der Dunkelheit, und wehe, die Straße ist feucht und hat sich vielleicht tagsüber durch die Strahlen der Frühlingssonne ein bisschen aufgewärmt, dann bleiben die Tiere ganz gern für einen Moment auf dem feuchtwarmen Asphalt sitzen. Das erhöht für sie die Gefahr, überfahren zu werden, nochmals ganz enorm.

Viele Naturschutzverbände, darunter etliche kleine Ortsgruppen, kümmern sich Jahr für Jahr darum, dass möglichst viele Amphibien heil über die Straße kommen. Sie stellen Warnschilder auf – mittlerweile gibt es sogar ein offizielles Verkehrszeichen: ein rotes Dreieck mit einem Frosch –, um die Autofahrer auf die Krötenwanderung aufmerksam zu machen, sie sammeln nachts die Kröten von der Straße, sie spannen Kunststoffbarrieren und graben Sammeleimer ein, in die die Tiere fallen, wenn sie an der Barriere entlang wandern. Tag für Tag werden die Tiere in den Eimern dann entweder direkt zum Laichgewässer oder auf die »richtige« Straßenseite getragen. Dabei muss man darauf achten, ob die Tiere gerade auf dem Weg zum Laichgewässer oder bereits auf dem Rückweg waren. Trägt man sie nämlich auf die falsche Straßenseite, sagt ihnen ihre innere Uhr: Ich muss in die andere Richtung, und sie kehren wieder um.

Wer mithelfen möchte, sollte sich an einen Naturschutzverband wenden, dort weiß man am besten, wo noch Hilfe gebraucht wird. Wer sich dennoch lieber allein auf den Weg macht, um Kröten von der Straße zu holen, sollte selbstredend eine stark reflektierende Warnweste tragen, um nicht selbst Opfer des Straßenverkehrs zu werden.

Amphibien ja, Wild jedoch sollte man auf keinen Fall auf eigene Faust zu retten versuchen. Wer sich sagt: Es ist Mitte Mai, die Bauern stehen vor der ersten Mahd, ich gehe jetzt mal die Wiesen ab und gucke, ob ich ein paar Rehkitze vor dem sicheren Mähtod bewahren kann, steht fast schon mit einem Bein im Gefängnis. Traurig, aber wahr, denn dieses Jungwild unterliegt, sobald es »gesetzt«, also geboren wird, dem Jagdrecht. Und das bedeutet: Wer ein Kitz woandershin bringt, selbst wenn dies in bester Absicht geschieht, greift in das Jagdrecht ein und begeht Wilderei. Deshalb kann ich jedem nur raten, sich Gruppen anzuschließen, die sich damit auskennen. Dafür kommen zum Beispiel Hegeringe infrage, die kleinste Organisationseinheit der Jäger. Mittlerweile gehen Hegeringe von sich aus an die Öffentlichkeit und rufen dazu auf, ihnen bei der Rettung von Jungwild zu helfen. Pro Jahr werden so Hunderte Rehkitze vor dem Mähtod bewahrt – während trotz aller Bemühungen noch über 100.000 bei der Mahd sterben.

Rehe sind – wie Hirsche und Feldhasen – sogenannte Ablieger. Das heißt, die ersten Tage nach der Geburt verharren die Kitze in zusammengerollter Haltung mehr oder weniger regungslos in hohem Gras oder mitunter auch in einem Getreidefeld, wo sie aufgrund ihres fleckigen Jugendkleids optisch mit der Umgebung verschmelzen. Die Mutter kommt nur zwei-, höchstens dreimal am Tag zum Säugen, die übrige Zeit ist der Nachwuchs sich selbst überlassen. Wenn Gefahr droht, drücken sich die Jungtiere instinktiv eng an den Boden, denn da sie in dieser Zeit noch keine Witterung abgeben, wird ein Fuchs, ein Marder oder ein anderer Beutegreifer einfach an ihnen vorbeilaufen. Wenn sich nun aber eine Landmaschine nähert, ein Güllesprüher oder eine Mähmaschine, tun die Jungtiere genau dasselbe: Sie drücken sich an den Boden, statt wegzulaufen – und das ist ihr sicherer Tod.

Früher fuhren Traktoren sehr langsam und waren die Mähbalken relativ kurz, 1,60, maximal zwei Meter lang. Und wenn der Traktorfahrer umsichtig war und vorsichtig fuhr, konnte er von seinem Traktorsitz aus das Jungwild sehen, rechtzeitig bremsen und das Tier in Sicherheit bringen. Die modernen riesigen Landmaschinen brettern mit sechzehn bis achtzehn Stundenkilometern über die Felder. Zeit ist Geld; es muss schnell gehen. Selbst wenn der Landwirt oder derjenige, der sonst das Gefährt steuert, ein Rehkitz entdeckt, kann er die riesige Maschine nicht mehr schnell genug anhalten. Und Junghasen sind vermutlich eh zu klein, um sie von der hoch gelegenen Fahrerkabine aus zu sehen. Nebenbei: Feldhasen werden mit offenen Augen und voll entwickelt geboren, während Kaninchen in einem Bau zur Welt kommen, nackt, blind und hilflos. Junghasen liegen gern auf frisch gepflügten Feldern, wo es durch die dunkle Erde deutlich wärmer ist, aber auch auf Grünlandflächen.

Um die Jungtiere vor dem Mähtod zu bewahren, informiert der Bauer den Jäger, oder der Jäger oder ein Naturschutzverband fragt von sich aus den Bauern, wann er mähen will. Und wenn der Bauer entgegnet, für Donnerstag ist schönes Wetter gemeldet, und sobald der Tau einigermaßen abgetrocknet ist, so gegen zehn Uhr, fange ich an, dann können Freiwillige mit dem zuständigen Jäger am Mittwochabend die Wiese – oder das Feld – durchkämmen. Das hat natürlich den Nachteil, dass über Nacht wieder Wild auf die Wiese ziehen kann, geht aber kaum anders, da bei einem Absuchen am Morgen das noch feuchte Gras niedergetreten werden würde. Wenn man ein Kitz oder ein Häschen findet, trägt man es möglichst weit weg, unter Umständen also ruhig ein paar Meter in den Wald hinein, damit es sich nicht gleich wieder im Gras zu verstecken versucht. Oft wird behauptet, dass Wildtiere ihr Junges nicht mehr annehmen, wenn menschliche Witterung an ihm haftet. Ich kann das nicht bestätigen. Ich habe in den letzten gut dreißig Jahren viele Rehkitze abgesammelt, hin und wieder auch mal ein Hirschkalb, habe das eine oder andere Jungtier auch mit einer bunten Ohrmarke markiert und hatte dabei umständehalber nicht immer Handschuhe an. Trotzdem habe ich sie später zusammen mit der Mutter gesehen. Der Mutterinstinkt bei Wildtieren ist stärker als die Angst vor dem Menschen. Um aber die Tiere nicht unnötig durch fremdartige Gerüche zu irritieren, ist es durchaus ratsam, Handschuhe zu tragen oder die Tiere in Gras zu wickeln – am besten macht man beides. Womöglich wird das Jungtier während der Rettungsaktion kläglich zu fiepen anfangen, um die Mutter herbeizurufen. Wenn diese nicht sofort erscheint, bedeutet das längst nicht, dass das Kitz verwaist ist, sondern nur, dass die Ricke oder die Hirschkuh erst einmal abwartet. Es ist also keine gute Idee, neben dem Findelkind auszuharren und zu warten, ob die Mutter kommt. Stattdessen sollte man sich zurückziehen.

Es gibt noch andere Methoden, Ablieger vor dem Mähtod zu bewahren. Sie eignen sich aber eher für kleinere Flächen. Die eine ist das »Verblenden«, also das Verscheuchen. Dazu kann man am Abend vor dem Mähen »Vogelscheuchen« aufstellen. Am Abend davor deshalb, damit kein Gewöhnungseffekt eintritt. Die Scheuchen können auch einfach aus weißen Tüchern oder Flatterbändern an einer Stange bestehen; die wirken, zumindest bei Wind, zusätzlich akustisch. Am Vortag die Wiese am Rand kurz anzumähen kann die Rehmütter ebenfalls aufschrecken. Ob optischer und/oder akustischer Schrecken: Die Ricke wird ihren Nachwuchs aus der Gefahrenzone führen. Die Flächen »verwittern«, das heißt, menschliches Haar ausstreuen, ist eine weitere Methode. Dafür müssen keine Köpfe kahl geschoren werden, die Friseure der Umgebung helfen sicher gern mit Schneideabfällen.

Jetzt werden einige sagen: Da ist der Kieling aber ganz schön altmodisch, denn es gibt natürlich modernere Möglichkeiten der Jungwildrettung. Man kann Wärmebildkameras an den Mähwerken installieren, die das Jungwild früh genug anzeigen. Man kann Drohnen über die Felder fliegen lassen. Und man kann beides kombinieren: Eine Drohne mit Wärmebildkamera über die Wiese schicken. Da wird sich in den nächsten Jahren noch mehr entwickeln. Das ist auch gut so und sehr zu begrüßen. Aber mir gefällt das gemeinsame Absuchen und das Retten mit eigenen Händen besser, weil es gleichgesinnte Menschen zusammenbringt, weil man in der Gruppe gute Taten vollbringt, weil man sich austauscht und weil es letztlich den Naturschutzgedanken stärkt. Und das ist unter dem Strich wirklich eine ganze Menge, deshalb kann ich jeden nur dazu ermuntern, sich einer Jungwildrettung anzuschließen.

Unter die Räder oder unter die Messer können nicht nur Wildtiere kommen. Wer nah an einem Grünlandbetrieb lebt und eine Freigängerkatze hat oder sich vielleicht ein paar frei laufende Hühner hält, der sollte die Tiere während der Zeit der Mahd besser einsperren, damit sie nicht der Gefahr ausgesetzt sind, vom Kreiselmäher erfasst zu werden.

Kaum ein Mensch bringt es übers Herz, ein verwaistes Jungtier sich selbst zu überlassen. Das lässt unser Beschützerinstinkt nicht zu. Der ist selbst bei Naturvölkern ausgeprägt, die (fast) ausschließlich von der Jagd leben. Sie ziehen Hirschkälber groß und gehen am nächsten Tag auf die Jagd, um einen ausgewachsenen Hirsch zu erlegen. Oder sie päppeln ein Äffchen auf, und das darf im Dorf, im Jagdlager oder wo auch immer bleiben, während ein Altaffe ohne große Emotionen geschossen und verspeist wird. Das klingt widersprüchlich, steckt aber tief in unserem menschlichen Verhalten. Ein verwaistes Jungtier aufzuziehen gelingt bei uns recht häufig, weil es eine Auswahl an guter Ersatzmilch gibt. Junge Füchse etwa lassen sich problemlos mit Katzenersatzmilch füttern und junge Hirschkälber oder Rehkitze mit Ersatzmilch für Lämmer. Das Problem ist, dass man diese Tiere, egal ob Fuchs, Reh, Hirsch, Wildschwein oder sonst ein Wildtier, nicht einfach wieder in die Freiheit entlassen kann, sobald sie unsere Hilfe nicht mehr benötigen. Einige Tiere können ohne die Fertigkeiten, die sie unter normalen Bedingungen von ihresgleichen lernen, gar nicht überleben. Zum anderen haben sogenannte Handaufzuchten Menschen gegenüber eine sehr herabgesetzte Feindwahrnehmung, sprich, sie zeigen keine Scheu vor Menschen. Wenn ein Wildtier aber keine Angst vor Menschen zeigt, wird gleich vermutet, dass es krank ist, unter Umständen sogar tollwütig, und dann wird es nicht selten von Jägern geschossen.

Vor vielen Jahren hatte ich einen verwaisten Frischling mit der Flasche großgezogen. Wildschweine wachsen sehr schnell heran und können ihr Geburtsgewicht von gut siebenhundert Gramm bis einem Kilogramm in einem Jahr verhundertfachen. Deshalb sind sie in der domestizierten Form, also als Hausschwein, ein wichtiger Fleischlieferant geworden. Als mein

Wurzel zu einem jungen Keiler herangewachsen war und immer öfter Ausflüge in den Wald unternahm, sprühte ich ihn mit der Signalfarbe an, mit der eigentlich Bäume im Wald ausgezeichnet werden, um ihn weithin sichtbar zu markieren. Der mittlerweile nicht mehr ganz so kleine Kerl blieb immer länger fort, ging manchmal wochenlang im Wald strawanzen, bevor er mal wieder am Forsthaus auftauchte, mir ein paar Tage im wahren Sinn des Wortes aus der Hand fraß und dann wieder verschwand. Ich hatte den Jägern in den benachbarten Revieren Bescheid gegeben und ihnen gesagt, dass sie bitte nicht auf einen Keiler mit orangefarbenen Streifen auf dem Rücken schießen sollten. Aber irgendwann hatte Wurzel sich wieder einmal so ausgiebig gesuhlt, dass von der Signalfarbe nichts mehr zu sehen war, und genau da hat ein Jäger ihn erwischt. Zu spät entdeckte dieser die kleine Marke mit meinem Namen und meiner Telefonnummer in Wurzels Ohr. Er rief mich an, um mir zu sagen, was passiert war, und auch, weil er wissen wollte, was es mit diesem Wildschwein auf sich hatte. Ich war total geschockt, konnte kaum sprechen und war den Tränen nah.

Warum hat er Wurzel nicht in einen Wildpark gegeben, statt ihn frei laufen zu lassen?, mögen Sie sich vielleicht fragen. Die Krux ist, dass kein Wildpark so ein Tier nehmen will, weil es von seinesgleichen nicht akzeptiert und immer ein Außenseiter bleiben wird.

Für Vögel
ist die Welt
voller Gefahren

Den meisten Menschen fallen bei diesem Thema als Erstes vorhanglose Fenster und sonstige verglaste Flächen ein, gegen die Vögel prallen können. Der einfachste Weg, die Vögel vor einer solchen Kollision zu schützen, ist, die Scheiben nicht zu putzen, denn wenn sich genügend Staub und Dreck darauf angesammelt haben, geht der Spiegeleffekt verloren, und die Vögel können sie sehen. Wer es eh nicht so mit Fensterputzen hat, hat also mit »Vogelschutz« eine gute Ausrede zur Hand. Aber Spaß beiseite. Es ist nicht jedermanns Sache, nur einen getrübten Blick nach draußen werfen zu können. Ein verbreitetes Mittel sind Silhouettenbilder von Greifvögeln im Flug, auch nicht gerade ein schöner Blickfang. Um effektiv zu wirken, müssten diese Folien eine Scheibe viel engmaschiger bedecken, als man es in der Regel sieht. Eine einzige Greifvogelsilhouette an einem großen Fenster bewirkt nur, dass ein Vogel bei dem Versuch, dem vermeintlichen Feind auszuweichen, knapp daneben an die Scheibe donnert. Wer saubere Fenster will, an denen nicht ein ganzer Schwarm schwarzer Folienvögel die Sicht versperrt, kann es mit Folien oder Aufklebern versuchen, die für Menschen unsichtbar sind, aber für Vögel sichtbares UV-Licht reflektieren. Und dann gibt es noch eine Hightech-Lösung, für die man allerdings etwas tiefer in die Tasche greifen muss: ein Vogelschutzglas, auf das

bereits bei der Herstellung eine spezielle UV-Schicht aufge-
bracht wird.

Vogelschlag kennen wir seit Längerem auch bei Autos,
Zügen, Flugzeugen oder Stromleitungen. Die neueste Ursache
sind Windkraftgeneratoren. Wir haben in Deutschland derzeit etwa 30.000 Onshore-Windenergieanlagen, also Windräder an Land (auf See sind es etwa 1300). Vor knapp zwanzig
Jahren hat man angefangen, die sogenannten Schlagopfer der
Windenergie bundesweit in einer Kartei zu sammeln. Bis September 2019 registrierte man über viertausend Opfer unter-
schiedlichster Arten, darunter Störche, Adler und knapp fünfhundert Rotmilane. Die Dunkelziffer dürfte höher liegen, weil
längst nicht alle Schlagopfer gefunden und gemeldet werden.
Vögel, aber auch Fledermäuse sind noch nicht an diese Unge-
türme gewöhnt, die evolutionsgeschichtlich betrachtet brand-
neu sind. So nutzen sie gern die Thermik der Anlagen, können
aber durch das sogenannte Barotrauma – eine Verletzung der
inneren Organe durch schnelle Wechsel des Luftdrucks – verletzt oder getötet werden. Besonders gefährdet sind Greifvögel,
weil sie während der Jagd nach unten statt nach vorn schauen.
Forscher schätzen, dass zudem jedes Jahr über 100.000 Fledermäuse und unzählige Insekten durch die Windräder ums
Leben kommen.

Bei einem kompletten Ausstieg aus der immens umwelt-
schädlichen Braunkohle müssten wir die Zahl der Windkraftgeneratoren aber mehr als verdoppeln, auf 70.000, denn mit
Fotovoltaik oder Wasserkraft können wir das Minus nicht aus-
gleichen, und wir wollen uns ja nicht vom Erdgas aus Russland
abhängig machen. Beim Bau neuer Windräder ist der wichtigste Punkt in Sachen Vogelschutz die Standortwahl. Dazu
gehört, dass Windräder in Nationalparks, Naturschutzgebie-
ten, Biosphärenreservaten, gesetzlich geschützten Biotopen
und ähnlichen Gebieten nichts verloren haben. Auch sollten
sie nicht auf den Routen von Vogelzügen stehen. Schneisen in
einen Wald zu schlagen, in dem der seltene Schwarzstorch und
der Rotmilan brüten und wo es sogar noch Baumfalken und

Fledermäuse gibt, um Platz für Windräder zu schaffen, ist für mich der größte Humbug. Allein schon Bäume für die Windkraft zu fällen, die ein solch wichtiger Klimaregulator sind – also im Grunde »Ökoprodukte« für Ökostrom zu opfern –, finde ich absolut widersinnig. So tragisch die vielen Vogeltode durch Vogelschlag auch sind, ist er nicht die häufigste Todesursache. Auch nicht der Vogelfang. In den Ländern der Europäischen Union ist er seit Verabschiedung der EU-Vogelschutzrichtlinie im Jahr 1979 untersagt, was aber nicht heißt, dass nicht illegal Vögel gefangen würden, vor allem in den südeuropäischen Ländern. Traurige Rekorde erzielen Jahr für Jahr Malta und Zypern. Jenseits des Mittelmeers, in Nordafrika und Vorderasien, ist der Vogelfang ebenfalls noch weitverbreitet. Mit alten Traditionen ist halt schwer zu brechen, so grausam sie auch sind. Natürlich spielt aber auch hier wieder einmal der Profit eine Rolle. An der Mittelmeerküste Ägyptens spannen sich fünf Meter hohe Netze mit wenigen Unterbrechungen über fast siebenhundert Kilometer. Jahr für Jahr verheddern sich allein dort geschätzt zwölf Millionen Vögel, vor allem Zugvögel aus Europa, in den Maschen.

Häufig wird in den letzten Jahren davon berichtet, dass infolge der sogenannten Desertifikation – dem Vordringen der Wüste in angrenzende Gebiete – immer mehr Zugvögel ums Leben kommen. Die Überquerung der Sahara, die in ihrer Nord-Süd-Ausdehnung zwischen 1500 und 2000 Kilometer erreicht, war trotz einiger Oasen, in denen die Vögel Wasser und Futter tanken können, immer schon ein gewaltiger Kraftakt, doch seit sich die Wüste immer weiter nach Süden in die Sahelzone hineinschiebt, wird die Distanz zu groß, und nicht wenige Vögel fallen vor Erschöpfung vom Himmel und verenden im Sand.

Eine andere Bedrohung für die Vogelwelt liegt im Verlust geeigneter Lebensräume und Nahrung. Während einige wenige Arten sehr anpassungsfähig sind, in der Regel Krähenvögel und manche kleine Singvogelarten, und zu den Gewinnern zählen, sind andere Populationen stark zurückgegangen. Gefährdet sind zwar vor allem sogenannte Weichfresser – Vögel, die sich vorwiegend von weicher Kost wie Früchten, Insekten und Weichtieren ernähren, wie zum Beispiel Amsel, Drossel, Rotkehlchen, Specht, Storch oder Star –, doch auch Körnerfresser wie Finken, Meisen oder Spatzen tun sich zunehmend schwer, genügend geeignetes Futter zu finden. Die Vertreter der beiden Gruppen kann man im Übrigen leicht am Schnabel erkennen: Weichfresser haben einen langen, spitzen Schnabel, Körnerfresser einen kurzen, kräftigen.

Wenn früher Felder abgeerntet wurden, ob noch mit Sensen von Hand oder mit den ersten Erntewagen, blieben immer reichlich Drusch und Spreu zurück – mit anderen Worten: ein reich gedeckter Tisch für die Vögel. Die modernen Erntemaschinen sind jedoch so perfektioniert und arbeiten derart »sauber«, dass fast alles in der Scheune des Bauern landet und nur noch wenige Körnchen im Magen der Feld- und Wiesenvögel. Es gibt kaum mehr Brachlandflächen, die ein Lebensraum für viele Wildtiere sind, nicht nur für Vögel. Die klassische Dreifelderwirtschaft – im einen Jahr zum Beispiel Getreidefrucht, im nächsten Jahr Hackfrucht, dann ein Jahr Brache, damit sich der Boden erholen kann – wird heute nur noch selten praktiziert; von langjährigen Stilllegungen von Ackerland ganz zu schweigen. Die Tatsache, dass immer weniger Arten von Ackerfrüchten angebaut werden – hauptsächlich Winterweizen, Mais und Raps –, trägt ebenso wenig dazu bei, den Speiseplan der Vögel zu bereichern. Darüber hinaus nehmen durch dichtere Getreidestände die Flächen, die Vögel für die Brut oder zur Nahrungssuche nutzen könnten, mehr und mehr ab. Zugleich werden die Ackerflächen immer größer und immer mehr Hecken und Ackersäume verdrängt. Hecken sind aber wichtige Refugien für Wildtiere. Sie bieten unter anderem Verstecke, Schutz vor Wind und Sonne, aber auch Nahrung. Dasselbe gilt, wenn auch auf niedrigerem Niveau, für Feldraine, diese bunten Streifen mit rotem Klatschmohn, weiß-gelber Kamille, blauen Kornblumen und anderen Blühpflanzen, die auch noch schön fürs Auge sind. Auch die Grünlandflächen werden intensiver genutzt, das heißt, häufiger gemäht und stärker gedüngt, was ebenfalls zu Verlust von Lebensräumen und von Nahrung führt. Davon betroffen ist zum Beispiel der Stieglitz, den man nach seiner Leibspeise auch Distelfink nennt. Er ist aber natürlich nicht der Einzige, der sich von Stauden und Wiesenpflanzen oder deren Sämereien ernährt. Insektizide tun ihr Übriges, denn Insekten machen nicht nur ein Gutteil der Nahrung der Weichfresser aus, sie werden auch zur Aufzucht der jungen Körnerfresser gebraucht.

Früher wurde immer gesagt, und so wird es auch in manchen Lehrbüchern noch propagiert, dass man Vögel nur im Winter füttern solle. Das gilt heutzutage definitiv nicht mehr. Diese Auffassung vertritt auch mein Freund Peter Berthold, vielfach ausgezeichneter Ornithologe, der bis zu seiner Emeritierung Leiter der Vogelwarte in Radolfzell war. Er hält die Fütterung von Vögeln im Sommer sogar für wichtiger. Die Winter, so argumentiert er, sind bei uns mittlerweile sehr mild, und die Vögel würden eigentlich nur herumsitzen und darauf warten, dass der Frühling kommt – eine nicht gerade Energie raubende Beschäftigung. Ganz anders sieht es im Frühjahr und Sommer aus. Da heißt es für die Vögel: früh raus, das Revier verteidigen, balzen, für Nachwuchs sorgen, Futter für die Jungen heranschaffen. Vor allem Letzteres bedeutet: fliegen, fliegen, fliegen. Und das kostet enorm viel Energie. Hinzu kommt, dass die Vogeleltern immer größere Gebiete absuchen müssen, weil es immer weniger Insekten gibt. Und oft finden sie gerade genug, um selbst nicht zu verhungern; für die Jungvögel bleibt da nichts übrig. Neben der Ganzjahresfütterung propagiert Peter Berthold, dass jedes Dorf einen Weiher haben sollte, an dem Insekten leben und in dem es kleine Fische gibt, sodass dort Vogelleben entstehen kann. Es ist, das weiß ich aus eigener Erfahrung, unglaublich, was ein kleiner Dorfteich bewirken, welche Vielfalt von Leben sich rundherum herausbilden kann.

Der größte Feind der Vögel aber ist laut einer US-amerikanischen Studie, die von Vogelbeobachtern in Auftrag gegeben wurde, die Hauskatze. Besonders schlimm wüten verwilderte Katzen in Australien. Man möchte fast sagen, logischerweise, denn die Katze ist in Australien ein Neozoon und die australische Vogelwelt evolutionär nicht auf diesen Feind eingestellt. Aber auch in den USA mit seinen über achtzig Millionen Hauskatzen oder bei uns in Deutschland mit knapp fünfzehn Millionen Stubentigern ist die Opferzahl hoch. Wer seine Katze frei laufen lässt, sollte ihr daher ein Glöckchen umhängen oder, fast noch wirksamer, ein knallbuntes breites Halsband umlegen, um Vögel akustisch beziehungsweise optisch zu warnen. Ich weiß, dass ich mir mit dieser Empfehlung den Unmut vieler Katzenfreunde zuziehe, doch nach einer Gewöhnungszeit beeinträchtigen weder Glöckchen noch Halsband die Katze, retten aber Vogelleben. Beides hilft jedoch nicht den Jungvögeln, deren Gefieder noch nicht flugtauglich ist. Nicht nur, aber auch der Vogelwelt zuliebe haben bereits fast achthundert Städte und Gemeinden in Deutschland eine Kastrationspflicht für Katzen eingeführt.

Die Gefährdung der Vögel ist ein hochkomplexes Thema, und ich fürchte, so wie wir leben, ist auch dieser Prozess nicht umkehrbar.

Vögeln auf der Spur

Wer sich intensiver mit Vögeln beschäftigt, wird feststellen, dass es neben ihrer Schönheit und oft auch Eleganz viel Interessantes zu entdecken gibt. Was mich an Vögeln so fasziniert, ist ihre Präsenz, ihre Sichtbarkeit. Andere Tiere verstecken sich oft ein bisschen, leben unterirdisch, sind dämmerungs- und nachtaktiv, sind so selten, dass man sie kaum sieht, oder sehr scheu. Vögel hingegen sind einfach immer da. Irgendwo klopft es an einem Baumstamm, das kann im Stadtpark sein oder im tiefsten Wald, in einem Feldgehölz oder im Garten hinter dem Haus in der Stadt. Da klopft es, man guckt raus und entdeckt einen Grünspecht mit seinem wunderschönen roten Kopf und seinem gelbgrünen Gefieder. Das erzeugt ein Hochgefühl, weil es auch unseren Entdeckerdrang befriedigt. Ich vermute, dass das atavistische, genetisch vorgegebene Verhaltensweisen sind. Und es ist ein tolles Erfolgserlebnis, wenn man einzelne Vogelarten schon mit bloßem Auge zu unterscheiden vermag und zum Beispiel sagen kann, ah, das ist ein Rotmilan. Rotmilane sind laut Roter Liste der Weltnaturschutzunion (International Union for Conservation of Nature, kurz IUCN) und der Roten Liste der Brutvögel Deutschlands zwar nur »potenziell gefährdet«, in manchen Bundesländern wie zum Beispiel Niedersachsen jedoch extrem selten. Oder ein Bussard, was in Deutschland zu 99 Prozent ein Mäusebussard ist, oder ein Turmfalke – die beiden häufigsten Greifvogelarten in Deutschland. Oder wenn man am Umriss unterscheiden kann, ob das, was da weit über einem fliegt, Gänse oder Kraniche sind. Oder es kommen so kleine Wollknäuel angeflogen mit einem langen Schwanz hintendran, und man weiß, das müssen Schwanzmeisen sein. Mir vermittelt es jedes Mal ein Hochgefühl, wenn ich eine Art bestimmen kann.

Und wie wird man auf Vögel aufmerksam, wenn man sie nicht sieht? Am einfachsten natürlich durch ihren Gesang. Man hört einen typischen Ruf und weiß, ah, das ist ein Specht. Ob ein Buntspecht, die häufigste Art in Deutschland, ein Grauspecht, ein Grünspecht oder vielleicht sogar ein bei uns sehr seltener Dreizehen- oder Weißrückenspecht, ist vielleicht nicht ganz klar, aber auf alle Fälle ein Specht. Es ist ein sehr markanter Ruf, so wie das Krächzen der Eichelhäher oder das Klacken der Dohlen. Wenn nicht gerade ein breiter Fluss, eine hohe Mauer, ein Dornendickicht oder sonst ein Hindernis den Weg versperrt, braucht man nur der »Klangspur« zu folgen.

Vögel hinterlassen aber auch sichtbare Spuren. Ich bücke mich zum Beispiel immer nach Federn. Sie bleiben selbst im Freien, wo sie ständig der Witterung ausgesetzt sind, sehr lange erhalten, da sie mit einer leichten Ölschicht von der Bürzeldrüse der Vögel präpariert sind. Ein jeder kennt die wunderschönen, blauschwarz gebänderten Federn von Eichelhähern, die man immer mal wieder im Wald findet und die sich früher der Wanderer an seinen Hut gesteckt hat. Die sind leicht zu erkennen und zu bestimmen; bei Federn zum Beispiel von Fasan, Rebhuhn, Birkhuhn oder Haselhuhn wird es schon schwieriger. Federn kann man recht häufig finden, da sie sich mit der Zeit durch mechanische Beanspruchung abnutzen und daher in regelmäßigen Abständen ausgetauscht werden. Diesen Wechsel des Vogelkleids nennt man Mauser. Manche Vögel mausern sich jedes Jahr einmal komplett durch, allerdings nie auf einen Schlag, sondern nach und nach, andere tauschen in dem einen Jahr nur das Großgefieder und im nächsten das Kleingefieder. Es gibt Vögel, die sind während der Mauser kurze Zeit flugunfähig, etwa Habichtsweibchen. Die brüten aber in der Zeit und werden vom Männchen mit Futter versorgt. Das Männchen wiederum macht eine langsame Mauser durch und verliert seine Flugfähigkeit daher nie. Auch bei anderen Vogelarten fällt die Mauser häufig in die Brutzeit, weshalb vor allem der Fund mehrerer Federn auf die unmittelbare Nähe des Nestes schließen lässt.

Ich finde es ein reizvolles Spiel, anhand einer Feder zu erraten, welcher Vogel sie verloren hat, vor allem, wenn ich Gesellschaft beim Raten habe. Der eine ist der Meinung, das Fundstück gehöre einer Waldohreule, der andere sagt, nein, das stammt eher von einem Waldkauz. Bei der Lösung des Rätsels können einschlägige Apps eine Hilfe sein. Die Feder wird fotografiert, und – schwupps – bestätigt sich: Waldohreule.

Eine andere Spur, allerdings schon ein bisschen komplexer und schwieriger zu verfolgen, sind Eierschalen. Sie werden nicht einfach nur aus dem Nest geworfen, denn das würde den Standort der Kinderstube verraten und könnte eine Katze oder einen Baummarder auf die Idee bringen, den Baum zu erklimmen und sich ein paar leckere Jungvögel einzuverleiben. Vogeleltern entsorgen Eierschalen daher immer ein gutes Stück vom Nest entfernt. Manchmal fliegen sie nur fünfzig Meter, bevor sie die verräterischen Hinweise fallen lassen, manchmal aber auch ein paar Hundert Meter. Eier beziehungsweise deren Schalen zu bestimmen ist alles andere als einfach, da sich die Eier vieler Vogelarten kaum voneinander unterscheiden. So könnte ein grünes bis grün-blaues Ei mit braunen Flecken von einem Eichelhäher oder einer Elster stammen, beide aus der Familie der Rabenvögel. Oder auch von einer Singdrossel aus der Drosselfamilie. Einige Schalen haben jedoch ziemlich eindeutige Merkmale. Eulenvögel zum Beispiel legen beinahe runde Eier, was man aber eigentlich nur erkennen kann, wenn man beide Hälften findet. Ein weiteres Merkmal ist die meistens fast weiße Farbe. Findet man ein ganzes Ei oder zumindest große Teile der Schale, kann man aus der Größe Rückschlüsse ziehen, ob es von einem Sperlingskauz stammt, der mit einer Größe von knapp zwanzig Zentimetern kleinsten Eule Mitteleuropas, von einem Waldkauz oder einer Waldohreule, zwei mittelgroßen Eulenarten, oder von der größten Eule, dem Uhu.

Um Haare oder Gewölle, manchmal auch Speiballen genannt, zuordnen zu können, muss man schon ein Fachmann sein. Während manche Greifvögel ihre Beute samt Haut und Haar beziehungsweise Feder verdauen können, müssen andere Greifvögel, die Eulenvögel und einige andere Vogelarten wie beispielsweise der Bienenfresser, der Kormoran, der Eisvogel, die Möwe oder der Storch, sich der unverdaulichen Reste ihrer Beutetiere auf andere Art entledigen. Um ihren Darm vor Verletzungen zu schützen, werden kleine Knochen, Gräten, Krallen, Chitinpanzer von Insekten, aber auch Haare und Federn durch rhythmische Kontraktionen der Muskeln im Magen zu einem festen, relativ glatten Ballen gewalzt und schließlich ausgewürgt. Übrigens: Eulen besetzen zwar dieselbe ökologische Nische wie Greifvögel, jagen aber in der Nacht, und obwohl sie viele äußerliche Merkmale mit Greifvögeln teilen, etwa scharfe Krallen und den Hakenschnabel, gehören Eulen einer anderen Ordnung an. Einmal fand ich ein Gewölle, bei dessen Anblick ich meinen Augen nicht traute. Da hatte ein Uhu doch glatt einen ganzen Bussard hinuntergeschluckt.

Eine Bestimmungsart, die sehr viel Können erfordert, ist das Nachahmen von Stimmen. Einmal wollte ich von Peter Berthold wissen, ob es dort, wo wir gerade unterwegs waren, den eher seltenen Sperlingskauz gebe. Da ahmte Peter den Ruf der kleinen Eule nach, und sofort flogen Unmengen von Hauben-, Tannen- und Sumpfmeisen auf und schwirrten wie die Irren umher, um festzustellen, wo sich der Feind versteckt hielt. Diese Reaktion machte klar, dass der Sperlingskauz in der Gegend kein Fremder war. Ein anderes Beispiel: Letztes Jahr glaubten Lea und ich einen Grauspecht gesehen zu haben, waren uns wegen der großen Entfernung aber nicht sicher, denn Grauspecht und Grünspecht ähneln sich sehr, zumal der Grauspecht seinem Namen zum Hohn ebenfalls grün ist. Also startete Lea ihre Vogelstimmen-App und spielte die Rufe des Grauspechts ab, und es dauerte keine zehn Sekunden, bis der

Vogel Antwort gab. Das war immer noch keine Garantie, da die Rufe der verschiedenen Spechtarten einander sehr ähnlich sind. Der Specht kam aber sogar ein Stück auf uns zugeflogen, nah genug, dass wir erkennen konnten, dass es sich tatsächlich um einen Grauspecht handelte. Der Grauspecht hat eine kleine rote Stirn-Scheitelplatte, beim Grünspecht zieht sich das Rot bis in den Nacken. Beim Grauspecht sind nur kleine Bereiche, beim Grünspecht die gesamte Wangenpartie schwarz. Es war das erste Mal für Lea und mich, dass wir den seltenen Grauspecht, der in der Roten Liste der Brutvögel Deutschlands in der Kategorie »stark gefährdet« geführt wird, in freier Wildbahn sahen.

Es gibt auch Apps, die einen Vogel anhand seines Gesangs erkennen, ähnlich wie die App Shazam einem sagt, welcher Song gerade im Radio läuft. Hört man einen Vogel singen, braucht man nur das Smartphone hochzuhalten und erhält je nach App nach gut zehn bis dreißig Sekunden Hinweise, um welche Vogelart es sich handeln *könnte*. Also ein eher vages Resultat. Die Apps kommen auch nur dann zu einem einigermaßen vernünftigen Ergebnis, wenn lediglich der eine gesuchte Vogel trällert, ohne dass andere dazwischenzwitschern. Ich finde dieses Thema hochinteressant und bin gespannt, wie sich diese Apps weiterentwickeln, vor allem BirdNET von der Universität Chemnitz. Sie arbeitet nämlich mit Künstlicher Intelligenz und erkennt sogar »Dialekte«.

Dank der modernen Technologie in Form einschlägiger Apps ist es ein Kinderspiel, nicht nur Vögel, sondern auch Pflanzen oder Insekten zu bestimmen. Das meine ich durchaus wörtlich, denn ich denke, dass zum Beispiel Eltern oder Kindergärtner, die keine Naturfreaks sind, mit solchen Apps den Kindern die Natur spielerisch nahebringen können. Ich persönlich bin da, wie bei den Pilzen, furchtbar altmodisch und ziehe nach wie vor lieber mit Bestimmungsbüchern los.

»Bitte nicht stören« – Worauf man bei der Beobachtung von Vögeln achten sollte

Wer Vögel lediglich möglichst nahe sehen will, der braucht eigentlich nur ein Vogelhäuschen in seinen Garten, auf den Balkon oder, falls er weder das eine noch das andere hat, auf die Fensterbank zu stellen. Es wird vielleicht eine Zeit dauern, bis die Vögel diese neue Futterstelle finden und dann regelmäßig aufsuchen. Doch dann ist es ein wunderbarer Ort, speziell in den Wintermonaten, um einzelne Vogelarten zu beobachten, zu bestimmen und sich an ihrem Flug, ihren Lauten und ihrer Schönheit zu erfreuen. Das ist eine recht komfortable Art und Weise, da man im Warmen und Trockenen sitzt, dafür muss man halt in Kauf nehmen, dass man nur das »Standardprogramm« sieht.

Eine andere Möglichkeit ist, sich ein Versteck an einer Stelle zu bauen, von der man weiß: Auf dem Ast da drüben sitzt der Eisvogel gern. Oder: Auf dieser Wiese landen öfter Kiebitze und suchen nach Nahrung. Bei solchen Aktionen muss man allerdings gut aufpassen, dass man nicht mit dem Naturschutz in Konflikt gerät. Das Bundesnaturschutzgesetz verbietet es ganz allgemein, »wild lebende Tiere mutwillig zu beunruhigen«, und im Besonderen, »wild lebende Tiere der streng geschützten Arten und der europäischen Vogelarten während der

Fortpflanzungs-, Aufzucht-, Mauser-, Überwinterungs- und Wanderungszeiten erheblich zu stören«. Sich ein Versteck nahe an einem Nest einzurichten ist daher extrem grenzwertig, weil man unter Umständen die Vögel bei der Balz oder der Brut beunruhigt beziehungsweise stört. Manche Arten reagieren höchst sensibel auf Irritationen, sodass sie sogar ihr Gelege aufgeben, wenn ein »Feind« regelmäßig umherstreift. Das ist eine reine Instinkthandlung. Wenn sie den Eindruck gewinnen, dass ihre Eier Gefahr laufen, im Magen eines Fressfeindes zu landen – dass wir keine Fressfeinde sind, sondern nur beobachten wollen, können sie ja nicht wissen –, brechen sie das Brüten lieber ab und investieren ihre Energie in eine neue Brut an anderer Stelle. Das gilt vor allem in der Anfangsphase des Brütens, denn je länger Vögel bereits gebrütet haben, das kann ich aus eigener Beobachtung sagen, desto unwahrscheinlicher ist es, dass sie ihr Gelege aufgeben. Wenn die Küken erst einmal geschlüpft sind und piepen und gefüttert werden wollen, werden Störungen eher akzeptiert.

Der Schutz von Balz- und Brutplätzen fängt bei Koloniebrütern wie zum Beispiel der Uferschwalbe an und hört beim Auerwild noch längst nicht auf. In manchen Fällen bekomme nicht einmal ich als Tierfilmer eine Genehmigung, mich an einem Balzplatz aufzuhalten. Vor einigen Jahren hatte ich noch die Erlaubnis erhalten, die Balz des Auerhuhns zu drehen, des größten Hühnervogels in Europa. Es war ziemlich aufwendig. Die zuständige Mittlere Naturschutzbehörde machte genaue Auflagen, etwa, dass ich mich mit dem zuständigen Förster in Verbindung setzte, dass ich noch bei völliger Dunkelheit mein Filmversteck aufsuchte und es erst nach Beendigung der Balz wieder verließ. Die Balz der Auerhähne beginnt vor Tagesanbruch und erreicht dann zwar bereits in den Morgenstunden ihren Höhepunkt, ebbt jedoch nur langsam ab, was bedeutete, dass ich von vier Uhr morgens bis oft weit in den Vormittag hinein in meinem Versteck ausharren musste, bis auch der letzte Vogel endlich den Balzplatz verlassen hatte. Und das ist Ende April, Anfang Mai im Gebirge eine eiskalte Angelegenheit. Auf der anderen Seite wird man mit unglaublichen Naturerlebnissen belohnt. Auerhähne vollführen eine sehr auffallende Balz. Sie fangen gegen halb fünf, fünf Uhr morgens oben in den Bäumen zu singen an, ein leiser, verhaltener Gesang: ein *Klck, klck,* »Knappen« genannt, gefolgt von einem leisen *Ssst, ssst,* das sich anhört, als würde ein Messer an einem Wetzstein geschliffen, weshalb man es auch »Schleifen« oder »Wetzen« nennt. Dann, sobald es ein wenig dämmert, flattern sie auf den Boden herunter und balzen da weiter. Während des Schleifens sind sie übrigens mehr oder weniger taub, was sie besonders anfällig für Feinde macht. Auerhähne sind in der Balz derart vollgepumpt mit Testosteron, dass sie wie verrückt aufeinander losgehen. Und wenn kein Kontrahent da ist, wird alles attackiert, was auch nur entfernt an eine blutrote »Rose« erinnert: die Wülste über den Augen der Hähne, die während der Balz anschwellen. Die Größe spielt dann keine Rolle. Es hat schon Auerhähne gegeben, die sich mit einem roten Traktor anlegten oder sich mit einem rot bestrumpften Wanderer duellieren wollten. Das kann übel ausgehen – für den Wanderer, denn die Schwingen und der Schnabel eines Auerhahns sind unglaublich kraftvoll. Ich war jedenfalls völlig fasziniert, die scheuesten und seltensten Vögel Deutschlands zum Teil nur drei, vier Meter vor meinem Filmversteck zu haben.

Während vor zehn Jahren durchaus noch sieben bis acht Auerhähne an einem populären und attraktiven Balzplatz anzutreffen waren, sind es jetzt nur noch ein oder zwei. Und das trotz vieler Anstrengungen, den Bestand zu sichern. Das Auerwild braucht abwechslungsreiche und lichte Wälder mit einer breiten Auswahl an Gräsern, Farnen, Blütenpflanzen und Sträuchern, doch solche Gegenden sind rar geworden. Auerhühner leben nicht gern Tür an Tür mit ihresgleichen, weshalb sie riesige Reviere beanspruchen, ein Hahn durchschnittlich 500.000, eine Henne 400.000 Quadratmeter. Die Nähe von Menschen mögen diese extrem scheuen Tiere ebenfalls nicht, und auf Störungen jeglicher Art reagieren sie äußerst sensibel. Als wäre dem nicht genug, haben ihre Fressfeinde – Luchs,

Fuchs, Dachs, Marder, Wildschwein oder Uhu – an Zahl deutlich zugelegt. Die sind vor allem eine Gefahr für das Gelege, da Auerhühner Bodenbrüter sind.

Wer Vögel aus nächster Nähe aus einem Versteck heraus beobachten will, dem würde ich immer empfehlen, sich mit einer Naturschutzorganisation kurzzuschließen, vielleicht einer Kreisgruppe oder einer Kleingruppe von BUND oder NABU, die Erfahrung damit haben. Und wer ein überwältigendes Naturschauspiel erleben möchte, der sollte sich einmal einen Vogelzug aus der Nähe ansehen, zum Beispiel auf Fischland-Darß-Zingst, einer Halbinsel an der Ostsee, den Zug der Kraniche.

Ein Naturschauspiel
sondergleichen: Der Vogelzug

Im Frühjahr und im Herbst gehen Zugvögel auf die Reise, weltweit fünfzig Milliarden an der Zahl! Vögel, bei denen nur ein Teil der Population am Vogelzug teilnimmt, nennt man übrigens Teilzieher, Vögel, die Reisemuffel sind, heißen Standvögel. Manche unternehmen sozusagen nur einen Kurzstreckenflug, der sie lediglich nach Südeuropa oder allenfalls nach Nordafrika führt, so etwa der Star, der Buchfink oder der Rotmilan, der ja ein großer Vogel ist und durchaus in der Lage wäre, weitere Strecken zu bewältigen. Wobei die Größe eigentlich nichts über die Flugausdauer sagt. Winzlinge mit einem Gewicht von gerade einmal zehn Gramm können Entfernungen von bis zu 15.000 Kilometern überwinden. Sogenannte Mittelstreckenzieher, darunter etliche Störche und einige Drosselarten, fliegen ins zentrale Afrika, und Langstreckenzieher wie die Rauchschwalbe, die Nachtigall, der Mauersegler und mancher Storch reisen sogar bis ins südliche Afrika oder nach Indien. Den Kurz- und Mittelstreckenziehern ist eines gemein: Wenn es darum geht, sich für den Zug zu rüsten, bilden sie Schwärme. Nur Langstreckenzieher machen sich allein oder in losen Gruppen auf den Weg.

Beim Blick aus dem Fenster sehe ich gerade Tausende Stare, die sich zu einem Schwarm formieren, um Richtung Süden zu fliegen. Wir hatten einen Megasturm und lange Zeit schlechtes Wetter in der Eifel, weshalb die Vögel sehr spät dran sind.

Viele Stare überwintern im südlichen Italien, und bis zu fünf Millionen von ihnen fallen jeden Abend in Rom ein, nachdem sie sich an den Oliven der Umgebung satt gefressen haben. Für das Auge können die unfassbaren Manöver der zu riesigen schwarzen Wolken verschmelzenden Vögel ein Schauspiel sein – aus der Ferne betrachtet. Bei den Römern selbst sind die Vögel alles andere als beliebt, nicht nur, weil sie den Römern ohne Unterlass auf den Kopf kacken und die Kleidung verdrecken; die Unmassen an Kot verwandeln außerdem in Kombination mit etwas Nässe die Straßen in Rutschbahnen und greifen als eine andere Art »saurer Regen« den Autolack an. Stare sind heute, wie viele andere einstige Zugvögel, Teilzieher. Immer mehr von ihnen überwintern in Deutschland. Das liegt natürlich an den zunehmend wärmeren Wintern, aber auch an den Veränderungen in der Struktur der Kulturlandschaften sowie daran, dass wir sehr viel füttern. Ich weiß nicht, wie viele Tausend Tonnen Vogelfutter wir im Jahr verfüttern, aber laut NABU geben wir Jahr für Jahr bis zu zwanzig Millionen Euro dafür aus. Es gibt nur ein Land, wo den gefiederten Freunden noch mehr Futter serviert wird, und das ist England.

Dass es in Deutschland – oder überhaupt in Westeuropa – über den Winter trotz allem so viele Vögel gibt, liegt nicht nur an den Standvögeln und den Teilziehern oder an den sogenannten Strichziehern, die im Winter zwar ihre Brutplätze verlassen, aber mehr oder weniger in der Nähe bleiben, sondern auch daran, dass in der kalten Jahreszeit viele Zugvögel aus dem Norden bei uns überwintern, zum Beispiel Schneeammern, Schneefinken und Seidenschwänze. Auch Waldohreulen aus Skandinavien verbringen den Winter lieber bei uns als in ihrer tief verschneiten Heimat, wo sie nicht mehr genug Nahrung finden, ebenso Singschwäne, deren Brutgebiet sich von Island bis weit nach Russland hinein erstreckt.

Woher wissen die Zugvögel eigentlich, wo sie hinmüssen? Wie findet die Schwalbe, die bei Bauer Sampel in der Eifel im Kuhstall nistet und ihm eine Menge Mücken und Fliegen wegfängt, genau den Nebenfluss vom Kongo in Zentralafrika, an dem sie jedes Jahr überwintert? Wie findet sie bloß in dem riesigen Kongobecken ihren angestammten Baumstamm, der irgendwann einmal umgestürzt ist und nun zum Teil ins Wasser ragt, den Baumstamm, auf dem es sich so prima sitzen lässt, auf dem sie nachts schläft und tags die Mücken einsammelt, die in rauen Mengen über dem Wasser schwirren. Und im nächsten Jahr fliegt diese Schwalbe zurück in die Eifel und nistet wieder im Kuhstall von Bauer Sampel. Das ist eine unfassbare und beeindruckende Leistung. Aber, offen gestanden, so erstaunlich wiederum nicht, es ist nämlich genetisch in ihr angelegt. Von den Eltern kann sie den Weg nicht lernen, denn die Altvögel starten zuerst in die Winterquartiere, die Jungvögel kommen erst später nach. Früher dachte man, dass die Routen und Ziele daher auf Ewigkeit festgelegt wären. Heute wissen wir zum Beispiel von der Mönchsgrasmücke, dass sie sich – Genetik hin oder her – durchaus auch mal ein neues Winterquartier sucht, das Wissen darüber dann aber wiederum an ihre Jungen vererbt. Ein faszinierendes Thema.

Es ist jedes Jahr ein tolles Erlebnis für mich, wenn sich im Herbst die Kraniche auf ihrem Weg von ihren Brutrevieren in Skandinavien, Mitteleuropa und dem Baltikum in die Winterquartiere laut trompetend über dem Arensberg in der Eifel neu formieren. Der Vulkan dient ihnen offensichtlich als Landmarker, vielleicht aufgrund starker magnetischer Felder, vielleicht auch wegen spezieller Thermik. Jedenfalls ändern sie über dem Arensberg unter großem Getöse ihre Formation, bevor sie, manchmal auf einem ganz leicht veränderten Kurs, weiter Richtung Süden fliegen. Diese wunderbaren, majestätischen Vögel haben heute ihr Hauptwinterungsgebiet in der Extremadura im Südwesten Spaniens. Da stoppeln sie auf den abgeernteten Getreidefeldern, suchen die letzten Körner auf den Reisfeldern, tun sich aber hauptsächlich an den nahrhaften Eicheln der Steineichen gütlich. In alten Lehrbüchern steht, dass die Kraniche zum Überwintern in die Korkeichenwälder am Hohen Atlas fliegen, einer Gebirgskette in Marokko, nach Algerien und sogar bis Äthiopien. Ein Teil der Kraniche tut das auch heute noch, aber es ist ein vergleichsweise kleiner Teil. Auch da gibt es also Veränderungen im Zugverhalten.

Der Kranich stand in West- und Südeuropa schon einmal fast vor dem Aussterben. Durch die Trockenlegung vieler Feuchtgebiete und Auenwälder sowie die Intensivierung der Landwirtschaft war der Bestand in Deutschland bis in die 1960er-Jahre auf nur noch etwa 380 Paare gesunken. Als ich ein Kind war, war es eine Sensation, einen Kranich zu sehen. Mittlerweile brüten sie wieder zahlreich in Mecklenburg, Sachsen-Anhalt, Brandenburg, Schleswig-Holstein und Niedersachsen, also überall da, wo man trockengelegte Gebiete renaturiert hat und wo die Vögel genug Ruhe und Futter finden. Natürlich zeigt auch der rigorose Schutz Wirkung. Kraniche gelten als »streng geschützte Art«, nach dem Bundesnaturschutzgesetz dürfen weder die Brutgebiete noch die Nahrungs- und Sammelplätze betreten werden. Der Vogelfreund, der ein gutes Fernglas besitzt, ist da eindeutig im Vorteil.

In die Röhre schauen – mit einem guten Fernglas ein Genuss

Als Kinder haben mein Kumpel und ich uns Verstecke gebaut, haben versucht, so nah wie möglich an Tiere heranzuschleichen, um sie beobachten oder Vögel überhaupt nur bestimmen zu können. Dann bekam ich von meinem Großvater mein erstes Fernglas geschenkt, ein altes Ding aus dem Ersten Weltkrieg, ein sogenanntes Artillerieglas mit Fadenkreuz auf dem Okular. Der Objektivdurchmesser war nicht besonders groß, es hatte allenfalls eine sechsfache Vergrößerung und war auch nicht sonderlich dämmerungsstark, aber es stellte sehr scharf. Ich schraubte es auseinander und gab meinem Kumpel eine Hälfte ab, und wir waren beide selig, denn in der ehemaligen DDR war es fast unmöglich, an ein Fernglas zu kommen.

Später, als ich schon Tierfilmer war, aber wenig Geld hatte, hatte ich ein sehr preiswertes Glas und bin damit eigentlich ganz gut klargekommen. Auch weil ich es bis zu dem Moment, wo ich durch ein hochwertiges Fernglas schaute, nicht anders kannte. Damals, bei meinem ersten Blick durch ein richtig gutes Glas, traute ich meinen Augen nicht. Mein Bild hatte keinen Blaustich mehr, wie es, wie ich mittlerweile weiß, bei minderwertigem Glas und mangelhafter »Vergütung« – so nennt man die Antireflexbeschichtung bei Objektiven und Okularen – oft der Fall ist. So ein leichter Blaustich mag bei Sonnenlicht ganz gut aussehen, aber er verfälscht die Farben und generell das gesamte Bild kolossal. Ich war total fasziniert von dem Markenglas, nicht nur von der Farbechtheit, auch von der Brillanz und vor allem von der Schärfe, die bis an die Ränder reichte, während bei meinem alten Glas immer nur die Mitte scharf gewesen war. Es war ein völlig anderes Sehen. Dazu kam, dass dieses Glas in der Dämmerung und während der blauen Stunde zwischen Sonnenuntergang und völliger Dunkelheit, also genau in der Zeit, in der viele Tiere überhaupt erst aktiv werden, noch ganz lange Details erkennen ließ.

Bis zu diesem Zeitpunkt war für mich ein Fernglas einfach nur ein wichtiges Instrument gewesen, um Tiere zu beobachten, um zum Beispiel, nachdem sie Witterung von mir bekommen haben, an ihrer Körpersprache zu erkennen, ob sie auf Flucht eingestellt sind, vielleicht ein unsicheres Verhalten zeigen oder ganz und gar entspannt sind. Das neue Fernglas wurde für mich zu einem richtigen Schatz, der mir eine riesige Freude machte. Vor allem das Beobachten von Vögeln bekam auf einmal einen ganz eigenen Reiz und wurde zur Leidenschaft. Während ich in meinen ersten Jahren als Tierfilmer ja auf der Jagd nach großen Bären war, den Grizzlys, Kodiak- und Kamtschatka-Bären, und auch später eher der Spur größerer Tiere folgte, von der Anakonda über den Schneeleoparden bis hin zu Wüstenelefanten, entdeckte ich nun die Faszination der Vogelwelt.

Für jemanden, der gerade erst Geschmack am »Draußensein« findet, ist ein günstiges Einsteigerglas womöglich nicht ganz verkehrt. Für einen gelegentlichen Blick und wenn man nur erkennen will, ob das da hinten am Waldrand eine streunende Katze oder vielleicht ein kleiner Luchs ist, ob sich da auf dem Geröllfeld eine Gams oder ein Steinbock befindet, muss man nicht viel Geld ausgeben. Man kann damit bei allerschönstem Licht auch dem Specht am Baum zuschauen, wie er am Klopfen ist, um Würmer und Insekten aufzustöbern. Vielleicht ist man aber auch mal an einem trüben Tag mit wenig Licht unterwegs, und in derselben Entfernung hämmert derselbe Specht an denselben Baum – und man sieht ihn nicht wirklich gut. Oder man möchte in der Dämmerung erkennen, um *welchen* Specht es sich handelt. Ist es ein Kleinspecht, ein Weißrückenspecht, ein Mittelspecht oder vielleicht sogar ein Dreizehenspecht? Das ist mit einem billigen Glas nicht mehr auszumachen. Und da sind wir bei der Frage: Will ich mit Genuss Naturbeobachtungen machen, weil sie für mich wichtig sind, weil sie einer der Gründe sind, warum ich überhaupt in die Natur gehe, oder reicht mir ein eher unscharfes, flaues, farbentsättigtes Bild?

Ein gutes Fernglas bietet nicht nur ein klares und brillantes Bild, es liegt auch deutlich besser in der Hand, sodass man es mit einem Griff sehr schnell an den Augen hat und zum Beispiel ein vorbeifliegendes Objekt, einen Vogel, eine Fledermaus oder ein Insekt, sofort im Fokus hat, bevor es hinter dem Waldrand, in der Hecke oder hinter Felsen verschwunden ist.

Bis zu einer zehnfachen Vergrößerung kann man das Bild noch gut aus der Hand halten, danach wird es sehr wacklig, und man muss das Glas auflegen – auf einem umgestürzten Baum, einem Stein oder einem Stativ. (Hobby-)Ornithologen bevorzugen übrigens eine achtfache Vergrößerung. Sie arbeiten aber meist lieber mit einem Spektiv, also einem Fernrohr, als mit einem Fernglas, und da ist eigentlich immer ein Stativ vonnöten, wenn man auf größere Entfernungen Vögel beobachten will.

Eine Alternative sind Ferngläser mit Bildstabilisator. Da hat man selbst bei zwölffacher Vergrößerung noch ein klares, scharfes Bild; spätestens bei sechzehnfacher Vergrößerung muss man aber auch ein solches Glas definitiv irgendwo auflegen. Der große Nachteil ist, dass ein Fernglas mit Bildstabilisator größer und schwerer ist, ein Riesenklotz, den man nicht für längere Zeit um den Hals hängen haben will, sodass es über kurz oder lang im Rucksack verstaut wird. Spätestens bei der nächsten Begegnung mit einem Tier, die vielleicht nur mehrere Sekunden dauert, kommt der große Frust, weil man den Rucksack nicht schnell genug abgeschnallt und das Fernglas herausgeholt bekommt. Ich würde von solchen Gläsern abraten. Ein

10×40 ist das Schwerste, was man länger um den Hals tragen möchte. Die erste Zahl bei einem Fernglas, hier die 10, steht für die Bildvergrößerung, also in diesem Beispiel zehnfach, die zweite für den Durchmesser der Frontlinse in Millimetern. Je größer dieser Durchmesser, desto größer ist das Sehfeld, und desto mehr Licht fällt ins Glas.

Für welches Fernglas man sich entscheidet, ist natürlich eine Frage des Geldbeutels. Bei einer Tombola auf der Photokina, der Leitmesse für Foto, Video und Imaging, spielte ich mal »Glücksfee«. Der erste Preis war ein Fernglas von Zeiss im Wert von stolzen 1500 Euro. (Wobei das längst nicht das Ende der Fahnenstange ist.) Ein junges Mädchen, eine Studentin, zog das große Los, und ich sagte zu ihr: »Das ist vielleicht ein Gewinn! Weißt du, was dieses Fernglas wert ist?« Wusste sie nicht, und als ich es ihr sagte, rief sie in die Runde: »Ich verkaufe das Glas, wer will es haben?« Ein junger Mann, ein begeisterter Ornithologe, wie ich später herausfand, meldete sich und bot ihr fünfhundert Euro. Sie machte fünfhundert Euro cash und er ein super Geschäft.

Wenn ich nicht das Geld hätte, um mir ein neues Glas von einem der vier Markenhersteller zu kaufen – das sind, ganz weit vorn, Swarovski, gefolgt von Leica, Zeiss und schließlich Steiner –, würde ich mir eher ein gebrauchtes Premiumglas zulegen als ein neues Billigglas. Für ein Markenfernglas, ob neu oder gebraucht, würde ich immer in den Fachhandel gehen, wo ich mir ziemlich sicher sein kann, dass es fachmännisch überholt wird, wenn es einen Fallschaden haben sollte oder eine Linse doch mal Kratzer abbekommt. Das Geld für ein hochwertiges Fernglas ist in jedem Fall vernünftig angelegt, denn ein Fernglas verschleißt eigentlich nie. Wenn man es gut pflegt, hat man es ein Leben lang. Dazu gehört, dass man nicht ständig mit den Fingern über die Okulare wischt, weil das mit der Zeit zu Blindstellen führen kann, und dass man es mit einem weichen Tuch reinigt, am besten mit einem Seidentuch. Ein Papiertaschentuch ist nicht geeignet, denn es wird aus Zellstoff gewonnen, also Holz, und das verursacht, wie viele Brillenträger aus leidvoller Erfahrung wissen, zwar sehr feine, aber durchaus störende Kratzer.

Man kann ein Fernglas übrigens fast wie ein Mikroskop verwenden, indem man es einfach umdreht und durch das Objektiv reinschaut. Das macht bei kleinen Blüten von Moosen, Flechten oder bei Insekten richtig viel Spaß.

Eine kleine Kamerakunde

Viele Naturfreunde möchten das, was sie sehen und erleben, im Bild festhalten. Mir selbst ging das schon als Kind so. Ich wollte Momente, die ich draußen erlebte, unbedingt konservieren. Und während meine Großmutter immer sagte, sie brauche keine Fotos, sie habe die Erinnerungen im Kopf, schaue ich noch heute gern die uralten Schwarz-Weiß-Fotos an und erinnere mich dann, wie ich mit den Großeltern durch den Thüringer Wald gewandert bin und wusste: Wenn ich da oben ankomme, an der Hütte auf dem Berg, dann gibt es eine Bockwurst.

So überschaubar der Markt für Fotokameras damals war, so unübersichtlich ist er heute, und man steht vor vielen Alternativen wie Spiegelreflex oder System, Smartphone oder Bridge. Letztendlich ist es eine Frage, wie hoch der Anspruch ist.

Die einfachste Lösung ist das Smartphone, weil man das ohnehin immer dabeihat. Nicht jedes macht gute Bilder, doch ein jedes liefert bessere Qualität als eine Analogkamera vor dreißig Jahren. Die Kehrseite ist, dass kaum jemand seine Bilder regelmäßig auf den Rechner zu Hause kopiert oder sie in einer Cloud speichert. Und wenn das Handy verloren geht? Tja, dann sind sämtliche Fotos weg. Unwiederbringlich. Eine tolle Sache finde ich die Objektive, die man ganz einfach per Clip vor die Kameralinse setzt. Sie eröffnen eine völlig neue Welt der Fotografie. Es gibt Weitwinkel-, Makro-, Fischaugen-, Tele- und etliche weitere Objektive. Mit einem Makro für nur wenige Euro kann man extrem nah – bis auf etwa einein-halb Zentimeter – an Insekten oder Blüten herangehen und außergewöhnliche Bilder schießen, für die man früher eine recht teure Kamera und ein recht kostspieliges Makroobjek-tiv gebraucht hätte. Ebenfalls interessant ist ein Adapter, mit dessen Hilfe man das Mobiltelefon an sein Fernglas »ando-cken« kann. Damit kann man ein Motiv noch näher heran-holen als mit der Zoomfunktion. Mit vielen Smartphones der neueren Generation werden nachts geschossene Aufnahmen auch nicht mehr krisselig, also körnig, wie es früher immer der Fall war. Zumindest nimmt mein neues Smartphone bei Nacht ohne viel Bildrauschen auf. Unter dem Strich aber muss ich sagen: So gut die Kameras in den Smartphones heutzutage auch sein mögen und so tolle Möglichkeiten Gadgets wie die »Clip-Objektive« – oder heißt es »Objektiv-Clips«? – eröffnen, ist es trotzdem nicht dasselbe, wie wenn man mit einer hoch-wertigen Fotokamera arbeitet, egal ob Canon, Nikon oder ähn-liche Kaliber.

Eine Stufe über dem Smartphone stehen die Kompaktka-meras, einfache und relativ leichte Apparate, die aber je nach Modell und Preisklasse ein paar Features haben, die Smartpho-nes nicht bieten, oder einfach in manchen Bereichen wie zum Beispiel der Lichtstärke eine höhere Qualität aufweisen.

Als Nächstes kommen sogenannte Bridge-Kameras, die, wie der Name schon andeutet, eine Brücke zwischen Kom-pakt- und Spiegelreflexkamera schlagen. Sie sind vergleichs-weise leicht, haben eine sehr gute Foto- und Videoqualität und verfügen meistens über ein gutes (nicht wechselbares) Zoom-objektiv, das von Weitwinkel bis Tele reicht. Vor allem haben sie einen sehr guten Stabilisator, weil sie eigentlich dafür kon-zipiert sind, frei aus der Hand zu fotografieren und zu filmen. In manche Kameras ist der Chip sogar schwingend eingebaut, was zu erstaunlich ruhigen Bildern führt. Wenn es mal schnell gehen muss, ist das ein nicht zu unterschätzender Vorteil. Ich war einmal mit anderen Teilnehmern einer Fotoexpedition und Guides in den verschneiten Bambuswäldern des Hochgebirges an der chinesisch-tibetischen Grenze unterwegs, um Große Pandas zu filmen und zu fotografieren, doch alles, was wir zu Gesicht bekamen, waren Tatzenabdrücke und frischer Kot, der wie Sägespäne aussah. Im Grunde ist er auch genau das, denn Pandabären ernähren sich zu 99 Prozent von Bambus – das restliche eine Prozent des Speiseplans füllen Enzian, Krokus und hie und da mal eine Raupe. Bambus ist aber nicht sehr nährstoffreich, weshalb diese Bären als einzige Großbären der Erde keine Winterruhe halten können, sondern den ganzen Winter über fressen müssen. Im Tross war ein Guide, der eine Bridgekamera mit einem für damalige Verhältnisse sehr großen Zoom hatte. Sein Kunde, ein stinkreicher Chinese aus Hongkong, hatte sich die neueste Canon EOS gekauft und hatte ein 600-mm-Teleobjektiv davor, das eine zwölffache Vergrößerung erlaubte. Als wir in ziemlicher Entfernung dann doch noch einen Großen Panda entdeckten, dauerte es geraume Weile, bis der Mann und seine Kamera einsatzbereit waren. Bis er sein Stativ aufgestellt, die Kamera daran befestigt und den Autofokus gezogen hatte – er wollte es halt sehr genau und akribisch machen –, hatte sein Guide schon zwei oder drei Bilder mit seiner kleinen Bridge-Kamera aus der Hand geschossen und dabei das Tier noch herangezoomt. Die Bilder waren zwar körnig und hatten keine hohe Auflösung, aber man konnte das Tier gut erkennen.

Die nächste Stufe sind Systemkameras. Das sind Kompaktkameras – also noch keine Spiegelreflexkameras – mit Wechselobjektiven. Hier kommt es darauf an, wie groß der Sensor ist; dieser bestimmt den sogenannten Cropfaktor. Der Cropfaktor liegt bei diesen Kameras zum Beispiel bei 1,6 oder 2,0. Bei 2,0 wird aus einem 400-mm-Objektiv ein 800-mm-Objektiv. 800 mm heißt 16-fache Vergrößerung. Das sind enorme Brennweiten, die man erst einmal aus der Hand ruhig halten können muss. Die Lichtempfindlichkeit ist ein anderer Punkt. Früher war ein 400-ASA-Film schon recht empfindlich. Da konnte man bei schlechten Lichtverhältnissen zwar fotografieren, bekam aber sehr körnige Bilder. Heute gehen Kamerasensoren ohne Weiteres bis 10.000, 15.000 ASA, Profikameras sogar bis 30.000. Mit Letzteren kann man bei fast völliger Dunkelheit zwar farbfalsche, aber zumindest scharfe Bilder schießen – früher unvorstellbar. Systemkameras sind eigentlich ideal, wenn man wandern oder sich anderweitig bewegen will und das Ding tragen muss.

Dann kommen wir in die Liga der Spiegelreflexkameras. Schon die sogenannten Bodys, die reinen Gehäuse ohne irgendein Objektiv, sind groß, schwer und teuer. Und man darf sich da keiner Illusion hingeben: Ein 100–400 Zoomobjektiv zum Beispiel, also ein Vierfachzoom von einhundert bis vierhundert Millimetern, bringt halt maximal eine achtfache Vergrößerung. Bei kleineren Objekten wie Vögeln oder kleinen Säugetieren, die weiter entfernt sind, ist das alles andere als viel. Man kann allerdings nachträglich in die Bilder reinzoomen und einen Ausschnitt vergrößern, der trotzdem sehr scharf ist und kein Rauschen zeigt, weil die Sensoren so hochwertig sind. Und dann gibt es natürlich Spiegelreflexkameras mit Cropfaktor. Der liegt meistens bei 1,6, und so wird aus einem 400-mm-Objektiv ein 640-mm-Objektiv, womit man deutlich näher am Objekt ist. Und die Bilder sind megascharf. Hier spielt eher die Wahl des Objektivs eine Rolle. Das klassische 100–400 macht normalerweise keine Probleme. Bei einem 24–250 werde ich dagegen auch immer wieder Schwächen erkennen, weil es einen so großen Brennweitenbereich abdeckt.

Letztendlich ist die Entscheidung eine Frage des Gewichts und wie ernsthaft man an der Fotografie interessiert ist.

Jetzt wird sich der ein oder andere fragen, wieso schreibt der Kieling nichts über Actioncams. Viele Leser kennen die Action-Camcorder im Miniformat, die meistens an einem Helm montiert werden, unter der Bezeichnung »GoPro«; das liegt schlicht daran, dass sich der Name des Unternehmens, das die erste Kamera dieser Art auf den Markt brachte, eben GoPro, als Gattungsbegriff durchgesetzt hat. Actioncams haben den Vorteil, dass sie wirklich winzig sind. Sie liefern auch hervorragende Bilder, aber da sie, wie der Name schon sagt, dafür gedacht sind, »Action« aufzunehmen, etwa die rasante Fahrt über Stock und Stein mit einem Mountainbike oder den gigantischen Blick auf die Landschaft beim Gleitschirmfliegen oder Fallschirmspringen, sind sie sehr weitwinkelig und haben für unsere Zwecke nur eine sehr beschränkte Tauglichkeit.

Eine große Rolle spielt, in welchem Format man fotografiert. Wenn man mit einer System- oder einer Spiegelreflexkamera fotografiert, dann sollte man sich für RAW-Dateien entscheiden. RAW-Fotos haben die drei- bis vierfache Datenmenge gegenüber dem JPEG-Format. Ein Foto im JPEG-Format ist, wenn es gut belichtet ist, ein gutes Bild, man kann es auch noch bis auf DIN A3 vergrößern, aber es lässt sich nicht so gut bearbeiten, Luminanz oder Farbe lassen sich nur sehr bedingt korrigieren. So bleiben weiße Partien durch Überbelichtung meistens weiß und schattige Flächen schwarz, auch wenn man mit Photoshop oder einem anderen Bildbearbeitungsprogramm daran herumbastelt. Fotografiert man dasselbe Motiv im RAW-Format, enthält es viel mehr Bildinformationen, und man sieht bei der Bildbearbeitung auf einmal, dass da beispielsweise noch eine Struktur in den Wolken oder in den dunklen Partien eines Wildschweinfells ist. Was früher das Negativ mit seiner gegenüber dem Dia viel größeren Korrekturfähigkeit war, ist heutzutage RAW.

Doch egal, ob die Kamera groß oder klein, leicht oder schwer, günstig oder teuer war, ob gegebenenfalls RAW oder JPEG, der entscheidende Punkt ist, dass der Fotograf zur richtigen Zeit am richtigen Ort ist. Eine tolle Lichtstimmung bei einer Landschaftsaufnahme und der klassische Bildaufbau mit Vordergrund, Mittelgrund und Hintergrund werden ein Bild immer interessant erscheinen lassen. Ein Bild von einem Tier, das von leicht erhöhter Warte aus fotografiert wurde, wird stets relativ langweilig aussehen, da mag das Tier noch so lebhaft, eindrucksvoll oder farbenprächtig sein. Befindet sich der Fotograf aber sozusagen auf Augenhöhe mit seinem Objekt oder sogar leicht »untersichtig«, fotografiert oder filmt er also von unten nach oben, wird das Motiv immer bemerkenswert erscheinen. Das heißt, wenn man auf dem Boden liegend zwischen Grashalmen hindurch fotografiert, zwischen zwei Zweigen, Büschen oder Bäumen, dabei das Objekt der Begierde scharf stellt und alles andere, Hintergrund und Vordergrund, in der Unschärfe liegt, wird das Bild jeden Betrachter in den Bann und sozusagen in das Bild hineinziehen. Vielleicht hat das damit zu tun, dass man in dieser tiefen Perspektive in gewisser Weise wieder zum Jäger wird, der wir ja in unserer Evolutionsgeschichte lange Zeit waren, zum Jäger, der sich kleinmacht, um sich unbemerkt an die Beute heranzuschleichen. Oder es kommt dabei das »Entdeckergen« stärker durch, denn seltsamerweise findet es eigentlich ein jeder viel aufregender, ein Tier in der freien Wildbahn mit seinen eigenen Sinnen zu entdecken als dasselbe Tier im Zoo zu sehen, wo es sozusagen auf dem Präsentierteller steht.

Ein Tipp zum Schluss: Ein kleines Stativ leistet immer wieder einmal gute Dienste. Das muss kein Dreipart sein, also kein dreibeiniges, ein einbeiniges tut es in den allermeisten Fällen auch, um mehr Ruhe ins Bild zu bringen. Es kann theoretisch sogar als Wanderstock verwendet werden. Ich selbst fotografiere viel aus der Hand, habe jahrzehntelange Erfahrung damit und bin darin geübt, sehr weich und vorsichtig auszulösen, um die Aufnahme nicht zu verwackeln, dennoch muss ich mich dabei enorm konzentrieren. Bei bewegten Objekten, einem fliegenden Vogel oder einem rennenden Reh, schwenke ich übrigens mit genau der Geschwindigkeit mit, in der sich das Objekt bewegt, und löse in der Bewegung aus, schieße vielleicht sogar eine kleine Serie, und ein oder zwei Bilder sind dann meistens scharf.

Um ein Tier fotografieren zu können, muss ich es natürlich erst einmal aufspüren.

Was Tiere an
Spuren hinterlassen

Auf der Suche nach Spuren von Tieren ein bisschen Indianer oder Fährtenleser zu spielen zählt für mich zum Spannendsten, wenn ich draußen unterwegs bin. Es ist für einen Laien aber schwierig, Fährten zu entdecken, denn äußerst selten findet man einen kompletten und klar umrissenen Abdruck in feuchtem Lehmboden. Eher stößt man nur auf einen Teilabdruck, weil der größte Teil des Lehmbodens zum Beispiel trocken oder von Blättern bedeckt ist. Und oft ist Wunschdenken dabei. Da hätte man halt gern, dass das Trittsiegel zu einem Wolf gehört und nicht zu einem großen Hund. Aber es gibt ja zum Glück noch viele andere Arten von Spuren.

Wer mit offenen Augen durch den Wald oder auch im städtischen Vorland unterwegs ist, dem werden im Sommer immer wieder kleine Kothäufchen auffallen, die sehr viele Kirschkerne enthalten. Es gibt etliche Beutegreifer, die sehr gern Obst fressen, allen voran Steinmarder, Füchse und Dachse. Den Zucker wandeln sie in Stärke um und die Stärke wiederum in körpereigenes Fett. Stößt man auf Häufchen, die nur aus Kirschkernen und vielleicht ein paar Pflaumensteinen zu bestehen scheinen und wie aufgeschichtet aussehen, stammen sie von Waschbären. Den Kot von Beutegreifern wie Fuchs, Steinmarder, Dachs, Wiesel oder Iltis findet man am ehesten an sehr freien, offenen Stellen, das kann ein Erdhaufen, ein großer Stein oder ein Wald- und Wanderweg sein. Wolfskot erkennt man schon an der Größe. Die Hinterlassenschaft eines Fuchses ähnelt der eines kleinen Hundes: fingerdicke Würstchen. Den Kot an exponierten Stellen abzusetzen ist eine Nachricht: »Das hier ist mein Revier.«

Manchmal findet man regelrechte »Kotmännchen«, wie ich sie analog zu Steinmännchen nenne. Da stapeln sich quasi mehrere Kothaufen übereinander. Eine Litfaßsäule voller Markierungen. Mit der zuunterst liegenden Hinterlassenschaft hatte ein Tier sein Revier markiert. Doch dann kam ein anderes des Weges und setzte selbstbewusst seinen Haufen obendrauf, eine Botschaft nach dem Motto: Pfff, bilde dir bloß nicht ein, dass du hier der Platzhirsch bist. Wenn Tiere ihr Revier abstecken, machen sie nichts anderes als wir Menschen, wenn wir unseren Garten einzäunen und Schilder aufstellen mit »Privatbesitz. Betreten verboten«. Auch das zeugt ja von Territorialverhalten. Und wie wir Menschen ziehen Tiere Zäune um ihr »Grundstück« und stellen Schilder auf, halt nur auf andere Weise. Kothaufen und Bäume, an denen sich der Revierinhaber reibt und schubbert und so Haare und auch Duft hinterlässt, umgeben das Revier wie Zaunpfähle. Und damit sie ja keiner übersieht, werden solche Markierungen oft noch durch weitere auf die Nase zielende Hinweise – in Form von Urin oder das Sekret aus einer Duftdrüse – verstärkt. Manchmal werden auch »nur« Duftmarken gesetzt.

Eine andere Möglichkeit, unliebsame Besucher vom »eigenen Grund und Boden« fernzuhalten, ist die akustische Absteckung. Dabei denkt man als Erstes wahrscheinlich an Vögel. Es liegt ja auch nahe, dass Piepmätze ihre Reviergrenzen stimmlich kundtun. Und dem einen oder anderen fallen noch Frösche oder vielleicht Brüllaffen ein. Bei anderen Tierarten würde man es hingegen nicht unbedingt vermuten, so zum Beispiel bei Rehwild. Tatsächlich geben Rehe die Grenzen ihres Reviers unter anderem akustisch bekannt. Dieses »Schrecken«, wie es der Jäger nennt, ertönt vom Frühjahr bis zum Herbst vor allem in den Abendstunden im Wald und hört sich an wie das Bellen eines heiseren Hundes. Bei Ricken ist es oft eine Tonlage höher als bei Böcken und klingt, man kann es nicht anders sagen, fast ein wenig hysterisch. Es dient nicht nur als Botschaft an Artgenossen und als Warnung an etwaige Konkurrenten, dass sie sich in fremdem Territorium bewegen oder im Begriff sind, es zu betreten, sondern kann ebenso Ärger über Eindringlinge welcher Art auch immer ausdrücken, sei es ein Wildschwein, ein Fuchs oder ein Mensch.

Durch »Harnen«, also die Abgabe von Urin, wird nicht nur ein Revier abgesteckt, sondern können noch andere Nachrichten übermittelt werden, zum Beispiel: »Ich bin in Paarungsstimmung und suche eine Partnerin für eine Saison«. Verklebte Haare, womöglich mit übel riechendem Sekret vermischt, bedeuten: »Ich bin krank, kommt mir nicht zu nah.« Apropos Sekret. Ein Großteil der Informationen zwischen Individuen derselben Art wird über chemische Botenstoffe, sogenannte Pheromone, übertragen. Also über Düfte. Nicht nur Paarungsbereitschaft, Reviergrenzen oder Krankheit, auch Attraktivität wird bei Tieren durch Duftstoffe bestimmt. Während wir Menschen Attraktivität hauptsächlich optisch wahrnehmen, zum Beispiel sagen, hui, das ist aber eine attraktive Frau mit ihren großen braunen Augen und den langen dunkelblonden Haaren, ist es in der Tierwelt ausschlaggebend, ob man »jemanden riechen kann«. Diese alte Redewendung kommt nicht von ungefähr, denn eigentlich spielt auch bei uns Menschen der Geruchssinn eine immens wichtige Rolle. Er kommt nur nicht so zum Tragen, weil heutzutage unser »natürlicher« Duft durch Deos, Seife, Shampoos, Parfüms, Rasierwasser und anderes mehr teils bis zur Unkenntlichkeit überlagert oder sogar komplett verfremdet wird. In der Tierwelt übermittelt der Duft sogar die Rangordnung, denn ein junges Tier riecht anders als ein älteres. Für uns Menschen ist es zugegebenermaßen extrem schwierig, Duftspuren von Tieren wahrzunehmen und dann vielleicht sogar noch zuzuordnen. Da muss man schon ein absoluter Fachmann sein.

Dann gäbe es da noch die »Kratzbäume«, in die manche Tiere wie Wildkatzen, Luchse und Bären mit den Krallen ihrer

Vorderpranken ihre Botschaften ritzen. Das muss man sich, ähnlich wie bei den Kotmännchen, wie eine Litfaßsäule vorstellen, die mit Plakaten zu allem Möglichen vollgeklebt ist. Findet man am Boden eine freigefegte Stelle von etwa einem halben Meter Seitenlänge und daneben ein total lädiertes Bäumchen, meistens allein und nicht viel größer als wir Menschen, dessen untere Zweige abgerissen und dessen Rinde bis in Kniehöhe abgeschabt ist, hat hier ein Rehbock mit einer »Plätzstelle« seinen Einstand markiert, eine Prozedur, die er alle paar Tage wiederholt. Mit der Duftdrüse zwischen seinem Gehörn verpasst er der Markierung ein zusätzliches Odeur. Sind die Schlag- und Fegeschäden hingegen in Brusthöhe des Baumes, war ein Rothirsch oder ein Damhirsch zugange.

Bäumstämme in Ufernähe, die knapp über dem Boden die Form einer Eieruhr aufweisen, oder Raspelspäne und eine Schleifspur hin zum Wasser sind untrügliche Anzeichen, dass hier ein Biber lebt. Angenagte Fische und Schuppen am Ufer deuten auf einen Graureiher oder Silberreiher hin.

Bei Knochen tue selbst ich mir schwer. Natürlich weiß ich als Jäger, dass ein langer Röhrenknochen vom Rotwild stammt und ein massiver, fast einem menschlichen Knochen ähnlicher vom Wildschwein. Wenn ich aber am Waldboden oder in einem Gewölle beispielsweise ein winziges Schädelchen entdecke, könnte ich nicht sagen, ob es mal einer Feldmaus oder einer Haselmaus gehörte.

Mit etwas Glück entdeckt man die abgestreifte Haut eines Reptils. Viele Reptilien, zum Beispiel Eidechsen, fressen ihre Haut auf, nachdem sie sich gehäutet haben. Eher findet man eine Schlangenhaut, auch Natternhemd genannt – egal, von welcher Schlange es stammt. Genau genommen ist es nur die verhornte äußere Hautschicht und nicht die gesamte Haut. Zu bestimmen, wer sich da seiner alten Kleidung entledigt hat, ist fast nur möglich, wenn das Kopfteil erhalten ist, da das Natternhemd immer farblos ist. Zieren zwei große halbmondförmige Schilde das Kopfteil, weiß man: Das Natternhemd gehörte mal tatsächlich einer Natter. Sieht man stattdessen viele kleine Schuppen, handelt es sich um die Hinterlassenschaft einer Viper.

Tiere oder deren Teile zu bestimmen ist nicht nur ein vielleicht spleeniges Hobby Einzelner, sondern hat durchaus einen weitergehenden Nutzen. Naturfreunde, die systematisch Straßen – vor allem kleinere, an denen man zumindest als Mensch nicht gleich Gefahr läuft, unter die Räder zu kommen – nach überfahrenen Tieren absuchen, machen quasi eine Art Erstkartierung. Da wird dann unter Umständen in einer Region, in der man gar nicht damit gerechnet hätte, ein Feldhamster entdeckt. Wenn auch leider kein lebender. Erstaunlicherweise werden auch viele Vögel Opfer des Straßenverkehrs. Das liegt daran, dass sie noch nicht gelernt haben, die Geschwindigkeit von Autos einzuschätzen, die, wenn man in Zeiträumen der Evolution rechnet, eine sehr neue Erfindung sind.

Rot ist das bessere Jägergrün – Tipps zur Tierbeobachtung

Manchmal hört man die Empfehlung, man solle sich tot stellen, dann würde man die Natur am ehesten erleben. Im stark autobiografischen Roman *Wie der Stahl gehärtet wurde* von Nikolai Alexejewitsch Ostrowski stürzt die Hauptfigur, der russische Jagdflieger Pawel, im Zweiten Weltkrieg in der Taiga ab. Als ein Bär an ihm schnuppert, stellt sich Pawel tot und überlebt angeblich nur deshalb die Begegnung mit dem Tier. Doch wenn Bären so dumm wären, dass sie nicht merken würden, ob jemand tot ist oder nur so tut als ob, wäre diese Spezies längst ausgestorben. Tot stellen funktioniert in der Natur nicht, denn der Geruch ist noch der eines Lebenden, und Tiere haben eine feine Nase. Abgesehen davon: Was kriege ich denn mit, wenn ich mit geschlossenen Augen am Boden liege oder meinetwegen an einem Baumstamm lehne?

Mehr Aussicht im wahren Sinn des Wortes haben Sie, wenn Sie es sich offenen Auges irgendwo bequem machen und sich eine halbe oder vielleicht sogar eine ganze Stunde gar nicht bewegen. Wenn Sie auf diese Weise sozusagen Teil der Umgebung geworden sind, verlieren manche Tiere ihre anfängliche Scheu und gehen wieder ihrem Tagesgeschäft nach. Das erfordert allerdings ein sehr hohes Maß an Disziplin. Es ist gar nicht so einfach, sich eine halbe Stunde mal gar nicht zu rühren, nicht das Smartphone hervorzuziehen, um Nachrichten zu checken, sich nicht am Bein zu kratzen, wenn es juckt, nicht nach der Wasserflasche zu greifen, wenn der Mund trocken wird, nicht einen Apfel oder Müsliriegel zu essen, wenn der kleine Hunger kommt... Wer das sogar eine ganze Stunde durchhält, ist richtig gut und wird erstaunt sein, was in dieser Zeit alles um ihn herum passiert. Falls Sie sich doch bewegen, um zum Beispiel das Fernglas oder die Kamera hochzunehmen, dann sollten Sie das wie in Zeitlupe tun. Langsame Bewegungen sind das A und O, um Tiere nicht zu verschrecken. Wenn man einen Vogel im Flug erwischen will, muss es natürlich schnell gehen, da hat man nur ein paar Sekunden, um die Schärfe nachzuziehen und sich vielleicht sogar noch in eine gute Position zu bringen. In allen anderen Fällen heißt die Devise: *gaaaanz* langsam bewegen.

Man kann natürlich auch den Förster oder Jäger fragen, ob man sich abends auf einen der Hochsitze setzen darf, um Rehwild, Rotwild oder Wildschweine beobachten zu können – doch selbst dort oben heißt es: ruhig sein. »Abends« deshalb, weil fast alle unsere Wildtiere dämmerungs- und nachtaktiv sind, entweder von Natur aus oder mehr oder weniger gezwungenermaßen als Folge unserer allgegenwärtigen Nähe. Am entspanntesten sind Wildtiere übrigens, wenn wir als kleine Wandergruppe durch den Wald laufen, dabei nicht zu laut und nicht zu leise sprechen. So können sie uns rechtzeitig hören. Ihre »Lauscher«, die Ohren, gehen mit, orten uns sozusagen permanent akustisch und verfolgen unser Kommen und, viel wichtiger, unser Gehen. Vielleicht steht auch noch der Wind in ihre Richtung, dann können uns die Tiere außerdem wittern. Bei so »sorglosem« Verhalten unsererseits wissen sie aus Erfahrung: Da gibt sich jemand keine Mühe, unentdeckt zu bleiben, kommt also ohne böse Absicht.

Sich an Tiere anzupirschen ist eine weitere Möglichkeit. Doch es erfordert selbst unter günstigen Umständen – man trägt gedeckte Kleidung und kann sich durch Bodenwellen, einen Entwässerungsgraben, im Schutz von Büschen oder einer Hecke anschleichen – sehr viel Geschick und Übung. Zudem sind Menschen, die sich anpirschen, den meisten Wildtieren äußerst suspekt. Jedes Jahr tun das nämlich Tausende von Jägern, und viele Tiere haben die Erfahrung gemacht: Wenn ein Mensch sich so komisch bewegt, knallt es bald mal, und dann fehlt wieder einer von uns. Dass man sie von Fall zu Fall gar nicht schießen, sondern nur beobachten und vielleicht filmen oder fotografieren will, können die Tiere ja nicht wissen, also reagieren sie mit Flucht, wenn sie eine solch vorsichtige Annäherung bemerken. Flucht aber ist für die Tiere Stress, und man sollte sich sehr gut überlegen, ob man sie der Aufregung aussetzen will. Wenn die Landschaft komplett deckungslos ist, muss man auf dem Boden an die Tiere heranrobben und immer in dem Moment innehalten, wo das Tier in die Richtung äugt, in der man liegt. Das ist eine äußerst zeit- und nervenraubende Angelegenheit und nur was für echte Könner. Das schönste Anschleichen oder Anpirschen nützt natürlich nichts, wenn man Rückenwind hat, sodass das Tier früher oder später Wind bekommt. Nebenbei: Lange glaubte man, dass Vögel einen ausgesprochen schlechten oder womöglich gar keinen Geruchssinn hätten – eine Annahme, die mittlerweile durch etliche Untersuchungen und Versuchsreihen widerlegt wurde.

Ein alter Tierfilmertrick besteht darin, auf großen, offenen Flächen einen Zickzackkurs einzuschlagen. Statt direkt auf ein Tier zuzugehen, das beispielsweise zweihundert Meter entfernt ist, nähert man sich ganz »beiläufig« über Umwege: Man geht erst einmal weit nach rechts, schlägt dabei eine leicht diagonale Richtung ein. Dem Vogel, Reh oder Feldhasen suggeriert das, dass man sich entfernt, und die Alarmstufe Rot geht über in Gelb und, wenn man ziemlich weit weg ist, in Grün. Dann macht man kehrt, geht weit in die entgegengesetzte Richtung, aber wiederum leicht schräg, sodass man am Scheitelpunkt nicht mehr zweihundert, sondern vielleicht nur noch 180 Meter Abstand zu dem Tier hat. Interessanterweise scheinen viele Tiere lange Zeit nicht zu realisieren, dass man ihnen bei dem dauernden Hin und Her langsam, aber sicher näher kommt. Es ist erstaunlich, wie weit man sich auf diese Weise sogar eigentlich recht scheuen Tieren nähern kann, bevor sie dann irgendwann doch flüchten. Dieser simple Trick wird zwar oft von Tierfilmern angewendet, »erfunden« aber wurde er in der Zeit, als noch mit Speeren oder Pfeil und Bogen gejagt wurde. Während die einen Jäger durch den Zickzackkurs immer wieder die Aufmerksamkeit auf sich zogen, konnten sich ihre Jagdkollegen von der anderen Seite auf Speerwurf- oder Bogenschussentfernung an die Tiere anschleichen.

Wer sich Wildtieren nähern will, sollte gut überlegen, welche Farben er trägt. Die meisten Säugetierarten, ob Beutegreifer oder Beutetier, können kein Rot sehen, weil ihnen die entsprechenden Rezeptoren in der Netzhaut fehlen beziehungsweise der entscheidende Zapfentyp. Die Kampfstiere in den Arenen dieser Welt reagieren also nicht auf die rote Farbe des Tuchs, das der Torero schwenkt, sondern auf die Bewegung. Säugetiere sehen generell sehr »farbentsättigt« – ähnlich wie wir unsere Umwelt kurz vor dem Dunkelwerden. Am besten nehmen sie Blau und Grün wahr. Wer also in einer Jeansjacke durch den Wald läuft, trägt in den Augen eines Rehs oder eines Feldhasen eine Warnweste. Insofern könnte man bei einer (Foto-)Pirsch ruhig von Kopf bis Fuß orange oder rot gekleidet sein und könnten Förster und Jäger das eintönige traditionelle Jägergrün ruhig durch Buntes aufpeppen. Wir Menschen und unsere nächsten Verwandten, die Affen, haben drei Zapfentypen, weshalb wir neben Grün und Blau auch Rot sehen können. Vögel und Insekten etwa haben dank vier Zapfentypen eine noch bessere Farbwahrnehmung und sehen sogar Farben im ultravioletten Bereich.

Was vielen Tieren an Farbsehen fehlt, machen sie durch scharfes Sehen wett. Manche Tierfotografen oder -filmer tarnen sich daher mit 3-D-Tarnanzügen: Kleidung mit Tarnmuster und aufgenähtem oder angeklebtem Kunststofflaub. Die Dinger rascheln nur ziemlich laut, weshalb sie allenfalls bis zu einer bestimmten Entfernung tauglich sind. Aus der Nähe wirken Tarnmuster sehr lebhaft, aber auf größere Entfernung lassen sie den Körper mit dem Hintergrund verschmelzen. Wenn man dann noch das Gesicht und die Hände schwärzt, ist das Weiße vom Auge oft das Einzige, was blinkt.

Wildtiere aus der Nähe zu beobachten klingt nach allem bisher Gesagten nach keinem einfachen Unterfangen. Bei manchen Tieren ist es auch nur eine Frage der Jahreszeit, ob man Erfolg hat. Wer im Frühjahr in Wald, Feld oder Flur unterwegs ist, dem kann es passieren, dass ihm ein Feldhase fast über die Füße hoppelt, und er denkt vielleicht, ach, schau an, ist gar nicht so schwierig, an Feldhasen heranzukommen. Das ist aber eine Ausnahmesituation und dem Fortpflanzungstrieb zu verdanken. Der Hase ist schlicht ein liebestoller Rammler und folgt gerade der Duftspur einer heißen Häsin. Im Liebesrausch sind viele Tiere wie weggetreten, speziell die Männchen, die nur einmal im Jahr Paarungszeit haben und dann von ihren Hormonen regelrecht überschwemmt werden. Weibchen bleiben trotz allem immer umsichtig. Das liegt daran, dass viele in der Zeit noch Junge haben, je nach Art vom selben Jahr oder vom Vorjahr, weshalb, Paarungstrieb hin oder her, ihr Mutterinstinkt hellwach ist. Nur wenn sie direkt im Östrus sind – und das ist eine relativ kurze Phase, bei Ricken oder Hirschkühen beispielsweise von nur vierundzwanzig bis dreißig Stunden –, haben sie eine herabgesetzte Feindwahrnehmung. Dass während des Liebestreibens der Verstand mehr oder weniger ausgeschaltet ist, nutzen die Beutegreifer zu ihrem Vorteil, ebenso der Jäger und natürlich der Naturfotograf. So weit, dass man sich einfach auf die Lichtung oder an den Rand des Feldes stellen und das Treiben beobachten oder (Fotos) schießen könnte, lässt die Aufmerksamkeit der Tiere allerdings nicht nach.

Die Hormone sind auch schuld daran, dass sich in Gegenden, wo es viele Rehe gibt, ab Ende Juli, Anfang August die Wildunfälle häufen: Wenn ein Bock die Fährte einer brunftigen Ricke aufgenommen hat, ist er wie ferngesteuert. Cleo und ich haben es schon ein paarmal erlebt, dass uns bei Pirschgängen in der fraglichen Zeit ein Rehbock fast auf die Zehen gestiegen ist. Wir waren nicht besonders leise unterwegs, doch die Böcke nahmen praktisch keine Notiz von uns. Mit der Nase dicht über dem Boden, wie ein Jagdhund, folgten sie den Duftmarken einer Ricke und schauten dabei weder rechts noch links. Die Moral von der Geschicht': Wenn einen beim Sonntagsspaziergang ein Rehbock über den Haufen zu rennen droht, ist er nicht tollwütig, sondern liebestoll.

Was Sie schon immer über Rehe wissen wollten

Wenn Sie im Winter »Sprünge«, also Gruppen von Rehen, auf den Feldern stehen sehen, fragen Sie sich vielleicht: Moment mal, ich habe doch irgendwo gelesen oder gehört, dass Rehe Einzelgänger sind, dass allenfalls eine Ricke mit ihren Kitzen einen Verband bildet und dass sie abgesteckte Reviere haben, und jetzt sehe ich sie hier in kleinen Rudeln zusammenstehen? Je nach Saison stimmt das eine oder das andere: Im Sommer leben Rehe solitär, im Winterhalbjahr finden sie sich zu Sprüngen zusammen, denn wenn mehrere Tiere auf einem Fleck sind, spart das Energie, weil zum Beispiel nur eines wachsam sein muss. Andererseits sind Rehe sehr territorial und stehen in dem Ruf, streitsüchtig zu sein. Daher kann man sie ganz schlecht zu mehreren in Gehegen halten. Bei zwei Böcken in einem Gehege wird einer von beiden relativ schnell tot sein. Bei Damhirschen oder Rothirschen passiert dagegen gar nichts – außer in der Brunft.

Eigentlich ist es untypisch für Rehe, auf einem offenen Feld zu stehen, denn ursprünglich sind sie Bewohner von Lichtungen und Waldrandzonen. Rehe sind aber auch sogenannte Kulturfolger und besiedeln als solche eben auch vom Menschen geprägte Kulturlandschaften, wie zum Beispiel Felder. Wichtig ist nur, dass in der Nähe Büsche sind, eine Hecke oder ein kleines Wäldchen, wo sie gegebenenfalls Deckung finden. Da sie das schon länger tun, hat sich mittlerweile die Unterscheidung in »Feldreh« und »Waldreh« etabliert. Die Anpassungsfähigkeit dieser Tiere geht so weit, dass sie sogar Gärten in Vorstädten und Stadtparks erobern. Dort finden die Leckermäulchen häufig eine ihrer Leibspeisen: Geranien.

Die Möglichkeit, sich neue Lebensräume zu erschließen, hängt auch mit der Ernährung zusammen. Rehe sind als sogenannte Konzentratselektierer auf eine gewisse Auswahl an Nahrung angewiesen. Sie naschen hier ein paar Kräuter, Blätter oder Blüten, dort Triebe, Knospen oder Eicheln und dazwischen gern mal (Feld-)Früchte oder eben Blumen, was übrigens auch ein Grund ist, warum ihr Fleisch so gut schmeckt, ein bisschen wie mit Kräutern eingerieben. Feldrehe wird man daher selten auf Feldern antreffen, auf denen nur Energiegras für Biogasanlagen wächst, nur Mais oder irgendein anderes Getreide, sondern eher auf Flächen, die Abwechslung bieten.

Ganz Mitteleuropa ist Bambigebiet, doch am höchsten ist der Bestand in Deutschland. Hier leben mehrere Millionen Rehe, und das, obwohl pro Jahr über eine Million erlegt werden. Dass es so unglaublich viele dieser Tiere gibt, liegt in erster Linie daran, dass wir Menschen ihre größten Feinde ausgerottet haben: allen voran den Luchs, ihren Erzfeind, und den Wolf. Zwar kehren die beiden Beutegreifer seit einigen Jahren nach Deutschland zurück – im Jahr 2019 lebten knapp hundertvierzig Luchse und immerhin etwa sechshundert Wölfe bei uns –, aber das sind noch viel zu wenige, als dass sie die Anzahl der Rehe auf ein vernünftiges Maß reduzieren könnten. Zumal Rehe eine sehr hohe Reproduktionsrate haben: Eine Ricke bringt meistens zwei, manchmal sogar drei Kitze zur Welt. Viele Junge zu bekommen ist typisch für Tiere, die etliche Feinde haben oder nicht sehr robust sind. Damit erhöhen sie die Chance, dass wenigstens eines das Fortpflanzungsalter erreicht. Das Problem war nur, dass Mitte des 19. Jahrhunderts Luchs und Wolf aus unseren Wäldern verschwanden, die Rehe sich jedoch weiterhin fleißig vermehrten. Eigentlich seltsam, denn normalerweise reagiert die Natur recht zuverlässig auf steigenden oder nachlassenden Beutedruck. Wie gut sie das üblicherweise schafft, kann man im Bayerischen Wald beobachten. Dort und im Oberpfälzer Wald sind relativ viele Luchse zu Hause: mit geschätzt rund siebzig Tieren ziemlich genau die Hälfte der gesamten deutschen Luchspopulation. In den Hochlagen des Nationalparks Bayerischer Wald leben Luchse und Rehe in völlig naturbelassenen, urwaldähnlichen Lebensräumen, in die kaum je ein Mensch vordringt. Man hat dort dreihundert Rehen ein Senderhalsband umgelegt, und siehe da, 180 von ihnen wurden von Luchsen gerissen. Trotzdem, und das ist das Entscheidende, bleibt die Anzahl der Rehe in diesem Gebiet ziemlich stabil.

Ein anderer Grund, dass Rehe derart überhandnehmen konnten, ist der Klimawandel. Die strengen Winter, wie sie früher üblich waren, mit klirrender Kälte und viel Schnee, der die Nahrungssuche erschwerte, gingen den Tieren an die Reserven. Dann reichten zwei, drei Beunruhigungen, egal ob durch einen Beutegreifer, einen Menschen, streunende Hunde oder Jagdhunde, und sie konnten die Energie, die sie bei der Flucht verbrauchten, nicht zurückgewinnen und verendeten. Solche Winter sind selten geworden. Jetzt haben wir dafür zwar häufiger heftige Stürme, auf Anhieb fallen mir die Orkane Wiebke und Lothar 1999 und Kyrill 2007 ein, die verheerende Schäden anrichten, aber die Population der Rehe nicht eindämmen, im Gegenteil. Sie hinterlassen nämlich große Flächen mit umgeknickten oder entwurzelten Bäumen, und diese Windwurfflächen werden entweder recht schnell wieder aufgeforstet, sprich mit jungen Bäumchen bestückt, oder erst einmal sich selbst überlassen, worauf dort von ganz allein Weichhölzer wachsen. Beides – Lichtungen und zartes Grün – finden Rehe ganz toll, und wenn es Tieren gut geht, vermehren sie sich prächtig.

Rehe sind reine Fluchttiere. Durch ihre seitlich am Kopf liegenden und extrem großen Augen haben sie ein sehr breites Gesichtsfeld. Da die Sicht im Wald aber häufig durch Bäume und Büsche versperrt ist und Rehe eigentlich eine Menge Feinde haben – wenn der Mensch diese nicht dezimiert oder völlig ausgerottet hätte –, besitzen sie auch ein gutes Gehör und eine feine Nase. Nun möchte man meinen, dass Rehe auf Offenlandflächen wechseln, sobald sich ein Luchs in ihrem Wald niederlässt, denn der ernährt sich überwiegend von Rehen – außer in den Bergen, da sind Gämsen seine bevorzugte Beute. Stattdessen bleiben sie, wo sie sind. Offensichtlich ist in ihrem Programm vorgegeben, dass sie mit großen Beutegreifern klarkommen müssen. Es gab dazu einmal einen interessanten Versuch im Bayerischen Wald. Da hat man auf Flächen mit jungen Bäumchen – Esche, Bergahorn, Eiche und Buche und allem, was Rehe sonst noch gern äsen – Schwämme mit synthetisch hergestelltem Urin von Luchs, Wolf, Hund und Fuchs verteilt. Und die Rehe haben sich kein bisschen von den Gerüchen ihrer Feinde abhalten lassen, sind zwischen deren Duftproben umherspaziert und haben genüsslich an den Trieben geknabbert.

Das Reh verblüfft noch in vielerlei Hinsicht. Wir sehen in dem Tier etwas Schönes, Edles, Graziles. Das beruht meines Erachtens ganz stark auf dem Walt-Disney-Film *Bambi*. Bambi ist zwar in Wahrheit ein Weißwedelhirsch, in unserer Wahrnehmung jedoch ein Reh. Damals ging es mit der Verwechslung los, und seither steht für viele Menschen fest, dass aus einem kleinen Reh später mal ein Hirsch wird. Zwar zählen Rehe zur Familie der Hirsche, genauer der Trughirsche, aber Rehwild bleibt Rehwild und Rotwild ist von Geburt an Rotwild und wird es immer sein. Man denkt auch immer, das Reh sei ein sauberes Tier – weit gefehlt. Man könnte sagen: Sie sind richtige »Schweine« – wobei ja die wirklichen Schweine sehr reinliche Tiere sind, wie man mittlerweile weiß. Das ist auch im Wald so. Wildschweine suhlen, nehmen also Schlammbäder, und befreien sich anschließend durch Schubbern an Baumstämmen vom getrockneten Schlamm. Mit den Erdklümpchen werden sie auch gleich die darin eingeschlossenen Läuse, Flöhe und Milben los. Rehe dagegen betreiben null Körperpflege, außer dass sie sich mal das Fell lecken. Daher haben sie sehr viele Parasiten und Zecken im Fell und jede Menge

Larven der Dasselfliege im Magen, in der Nase und im Rachen. Diese Maden im Rachen sind der Grund, warum Rehe manchmal husten.

Wer schon einmal an einem ausgewachsenen Reh schnuppern konnte, wird festgestellt haben, dass es einen sehr starken Geruch abgab, um nicht zu sagen: dass es stank. Rehe haben recht viele Duftdrüsen, unter anderem die Stirnlockendrüsen (nur beim Bock) zwischen den sogenannten Knochenzapfen, die auch die hübsche, aber irritierende Bezeichnung »Rosenstock« tragen, und die Klauensäckchen an den Schalen, also den Hufen. Das macht die Verfolgung für Beutegreifer leicht. Einem Reh auf der Duftspur zu folgen ist für einen Hund oder einen Wolf deutlich einfacher, als zum Beispiel ein Stück Rotwild zu verfolgen. Hirsche geben nämlich vergleichsweise wenig Witterung ab.

Ebenfalls ungewöhnlich ist, dass Rehböcke im Gegensatz zu anderen Hirscharten ihr Gehörn *vor* dem Winter abwerfen, die alten Böcke schon Mitte bis Ende Oktober, die jüngeren bis um den 20. Dezember herum. Und dann wächst ausgerechnet in der nährstoff- sowie futterärmsten und dunkelsten Jahreszeit ein neues Gehörn heran. Das ist wirklich erstaunlich, weil das Wachstum viel Energie kostet. Schon im Frühjahr fegen sie dann ihr Gehörn.

Die Brunft der Rehe ist zwar bereits im Juli, Anfang August, trotzdem bekommen die Rehe ihre Kitze erst im nächsten Mai, so wie das Rotwild, dessen Paarungszeit aber im September, Oktober, also zwei Monate, später ist. Wie kann das sein? Haben Rehe eine so viel längere Tragezeit? Nein, dahinter steckt etwas anderes. Beim Rehwild sorgt die sogenannte Ei- oder Keimruhe dafür, dass die befruchtete Eizelle sich zwar in der Gebärmutterschleimhaut einnistet, dort aber bis November, Dezember eine Wachstumspause einlegt, damit die Kitze in einer Zeit auf die Welt kommen, wo es Futter im Übermaß gibt. Die Brunft der Rehe nennt man übrigens auch »Blattzeit«. Damit hat es folgende Bewandtnis: Wenn eine Ricke in den Östrus kommt, fiept sie, und dieses Fiepen kann der Jäger mit einem Laubblatt – oder einem Grashalm – nachahmen, wenn er einen Bock anlocken will, indem er das Blatt zwischen die Daumen legt und dann in den Hohlraum bläst, den er mit seinen Händen formt.

Herzog Albrecht von Bayern hat mit seinen Förstern in den 1970er-Jahren festgestellt, dass man mit einer ganzjährigen, an Eiweiß und Mineralsalzen reichen Fütterung in Kombination mit – jetzt kommt etwas ganz Entscheidendes – einem Entwurmungsmittel das Körpergewicht von Rehen schlagartig steigern kann. Nicht nur werden die Rehe viel kräftiger und stärker, auch ihr Gehörn legt ordentlich zu: Es wiegt auf einmal kapitale 350 bis 500 Gramm statt der üblichen 250. Wie sich das auf die Fitness der Tiere und letztlich ihre Überlebensfähigkeit auswirkt, sei dahingestellt, denn ein Tier mit einem schweren und starken Geweih hat ja zum Beispiel keine bessere Feindwahrnehmung. Und ich könnte mir vorstellen, dass es in der recht bergigen Steiermark, wo dieser Versuch stattfand, nicht unbedingt ein Vorteil war, zusätzliches Gewicht herumschleppen zu müssen. Aber bei Jägern waren die Tiere natürlich sehr beliebt. Viele haben dem Herzog damals, als Naturschutz und Tierwohl noch nicht großgeschrieben wurden, nachgeeifert und in den klassischen Heuraufen reichlich Kraftfutter samt Medikament gegen innere Parasiten ausgelegt. Mittlerweile ist Wildfütterung stark reglementiert und zum Beispiel nur in Notzeiten im Winter erlaubt.

Geweih oder
Gehörn?

Was ist eigentlich ein Gehörn? Dasselbe wie ein Geweih? Nein, ist es nicht, auch wenn der Kopfputz mancher Tiere sich sehr ähnelt. Grundsätzlich wird zwischen Hornträgern (Boviden) und Geweihträgern (Cerviden) unterschieden. Bei Boviden – dazu zählen Schafe, Ziegen, Steinböcke, Rinder oder Antilopen – wächst über dem Knochenzapfen ganz langsam, aber unaufhörlich eine Art Überzug, das hohle, leicht elastische Horn, das sie zeitlebens behalten. Und weil es immer wieder Wachstumsschübe gibt, hat ein Gehörn Wachstumsringe, so wie ein Baum Jahresringe hat. Da es aber auch »Schmuckringe« bildet, braucht es einen Fachmann, um anhand des Gehörns das Alter des Tieres zu bestimmen. Bei Cerviden, der Familie der Hirsche, bildet sich über dem Knochenzapfen statt einer Horn- eine massive Knochenstruktur, das Geweih. Und zwar bei fast allen Hirschen, von der größten Hirschart der Erde, dem Elch, über Rothirsch, Damhirsch, Ren oder Reh bis hin zum kleinsten Vertreter, dem Nordpudu, einem in Südamerika heimischen Winzling, der nicht viel größer als ein Hase wird. Ein Geweih wird im Gegensatz zu einem Gehörn jedes Jahr abgeworfen. Das liegt vermutlich am Unterschied der Substanzen: Knochen brechen leichter und nutzen sich schneller ab als Horn. Bei den Boviden legen im Übrigen auch die Damen Wert auf Kopfschmuck, mit Ausnahme der Mufflons, bei den Cerviden dagegen nur die Böcke – wiederum mit einer Ausnahme: dem Ren. Eigentlich sind es bei Letzteren zwei Ausnahmen, weil beim Wasserreh weder er noch sie Geweih trägt.

Bei uns werfen, wie gesagt, als Erste die Rehe ihr Geweih ab: von Mitte Oktober bis um den 20. Dezember herum. Die alten Böcke zuerst, die jüngeren später. Seltsamerweise nennen ausgerechnet die Jäger, und die müssten es ja besser wissen, das Geweih des Rehbocks »Gehörn« – vielleicht weil es so kurz ist, meistens nicht viel länger als eine Männerhand. Das Geweih des Hirsches wurde früher mancherorts als »Horn« bezeichnet, wie man an den Begriffen »Hirschhornsalz« und »Hirschhornknopf« unschwer erkennen kann. Bei Rothirschen dauert das Abwerfen von Ende Januar bis in den März hinein, bei Nachzüglern sogar bis Anfang April. Auch hier machen die Alten den Anfang. Damhirsche sind noch später dran. Die werfen erst ab Mitte April ab. »Abwerfen« ist im Grunde eine falsche Bezeichnung, denn das würde ja bedeuten, dass sich die Tiere aktiv von ihrem Geweih trennen, in Wahrheit fällt es einfach ab.

Es ist für mich immer ein großes Erlebnis, ein Geweih zu finden. Ich erinnere mich an eine Begebenheit mit Erik, als er noch sehr klein war. Es hatte frisch geschneit, und wir stießen auf eine einzelne Hirschspur mit Blut darin. Wir folgten ihr entgegen der Laufrichtung, weil wir feststellen wollten, wo sich der Hirsch vielleicht verletzt hatte. Mir dämmerte allerdings schon, was geschehen war. Tatsächlich sahen wir nach gut einem Kilometer eine Geweihstange im Schnee liegen. Offensichtlich war der Hirsch über den Moorgraben gleich daneben gesprungen, und durch den Aufprall und weil es an der Zeit war, war die Stange vom Kopf gebrochen. Dann folgten wir der Spur in der Richtung, in der der Hirsch gezogen war, und entdeckten gegen Abend die zweite Stange. Der Hirsch war also gut einen halben Tag lang mit Schlagseite herumgelaufen. Das ist nicht ungewöhnlich. Es kann aber genauso passieren, dass beide Stangen gleichzeitig abfallen.

Wodurch wird das Abfallen ausgelöst? Nach der Brunft sinkt der Testosteronspiegel. Hat er seinen Tiefpunkt erreicht, lösen sich in einer dünnen Schicht zwischen dem Rosenstock und der Geweihstange die Knochenzellen auf, und sobald die Stange keinen Halt mehr findet, fällt sie ab. Relativ schnell danach bildet sich an dieser »Sollbruchstelle« eine Art Schorf, deshalb hört sie nach kurzer Zeit auf zu bluten. Den Schorf nennt man Keimscheitelschicht, und tatsächlich »keimt« sofort wieder ein neues Geweih nach. Am Anfang trägt der Hirsch nur zwei große Knuppel auf dem Kopf. Dann erscheint zuerst die Augsprosse, jedenfalls bei den Echten Hirschen, bei den Trughirschen wie beispielsweise Reh oder Elch fehlt sie. Als Nächstes zeigt sich gegebenenfalls, jedoch nicht immer die Eissprosse, danach die Mittelsprosse, und schließlich wird eine Krone ausgebildet. Und wenn der Herr nicht die Kraft für eine Krone hat, schafft er zumindest eine Gabel. Während der Wachstumsphase ist das Geweih von einer Haut überzogen, dem »Bast«. Nach ungefähr fünf Monaten ist der neue Kopfputz fertig. Nun wird durch die Einlagerung von Mineralen der Knochen gehärtet und dem Bast die Blutzufuhr abgedreht. Das juckt offensichtlich ganz fürchterlich, denn die Böcke reiben dann ständig ihr Geweih an einem Strauch oder kleinem Baum, zur Not auch auf der Erde. So erklärt sich die braune Farbe von Geweihen: Sie rührt von den pflanzlichen Gerbstoffen. Und die Rillen und Riefen sind Hinterlassenschaften der Blut- und Nervengefäße, die für das Wachstum nötig waren.

Geweihe sagen viel aus über die Gesundheit und das Alter. Wenn ein Tier kränkelt, ist sein Geweih leicht verwachsen oder gar verkrüppelt. Viele Menschen glauben, dass man an der Endenzahl das Alter ablesen könne. So hat es mir auch mein Großvater erzählt. Stimmt natürlich nicht. Nehmen wir einen jungen Rothirsch. Beim ersten Mal, im zweiten Lebensjahr, schiebt er ein sogenanntes Spießergeweih, das sind zwei Spieße auf den Rosenstücken, mehr nicht. Im dritten Lebensjahr ist er meistens schon ein Sechsender. Das heißt, sein Geweih hat zum Beispiel eine Augsprosse, eine Mittelsprosse und oben einen Spieß – also drei Enden je Stange, macht bei zwei Stangen sechs Enden. Vielleicht hat er auch eine Gabel, dann wäre er ein Achtender, oder sogar schon eine kleine »kurz verendete« Krone, also mit ganz kurzen Enden. Für eine Krone braucht es mindestens drei Enden, sie kann aber auch sechs oder sieben haben. Von Jahr zu Jahr baut sich das Geweih nun immer weiter auf.

Mit etwa zwölf, dreizehn Jahren erreicht der Hirsch den Höhepunkt seiner (Geweih-)Entwicklung, dann ist er vielleicht ein Achtzehnender – oder auch nur ein Vierzehnender. Ab da geht es bergab mit ihm. Mit Hängebauch und Senkrücken steht er zwar noch auf dem Brunftplatz herum, röhrt jedoch kaum noch und überlässt das Kämpfen den Jüngeren. Er weiß genau, mit einem starken Hirsch braucht er sich gar nicht mehr anzulegen. Das Geweih auszubilden kostet den Körper viel Energie und Kraft, weshalb sein Kopfschmuck nun eine oder mehrere Nummern kleiner ausfällt und nur noch acht oder zehn Enden zählt. Meistens sind die Geweihe dann auch etwas verwachsen und nicht mehr so symmetrisch. Mit fünfzehn oder sechzehn Jahren, falls er überhaupt so alt wird, hat der König der Wälder meist nur noch so etwas wie Stümpfe mit verkümmerten Augsprossen. Das ist sein Endstadium. Wobei in Deutschland nur wenige Hirsche an Altersschwäche sterben. Wer sich nicht bei der Brunft eine letztlich tödliche Verletzung zuzieht oder so verausgabt, dass er den folgenden Winter nicht übersteht, oder vor ein Auto läuft, der wird von einem Jäger geschossen.

Gut geröhrt
ist halb gewonnen –
die Hirschbrunft

Wenn man wie ich in einer Gegend mit viel Rotwild lebt, kann man im Herbst ein faszinierendes Naturschauspiel erleben: die Hirschbrunft. Sollten Sie Gelegenheit haben, einmal einer Hirschbrunft beizuwohnen, kann ich dieses Spektakel nur jedem Naturinteressierten empfehlen. Ab Anfang September findet sich in der Eifel das Rotwild, männliche wie weibliche Tiere, allmählich auf den zumeist traditionellen Brunftplätzen ein. Irgendwann hört man den ersten Hirsch »anstoßen« (rufen) oder auch nur knurren, das ist in der Eifel immer zwischen dem 12. und dem 15. September, meistens nach Mitternacht. Dann muss es nur noch kühl sein, das lieben die Hirsche, damit die Brunft so langsam in Gang kommt. Die aktivste Phase mit den meisten Kämpfen ist in der letzten September- und ersten Oktoberwoche. Dann wird der Platzhirsch, der bis dato die Schaubühne dominierende Zampano, oft von einem »Beihirsch« vertrieben, einem eigentlich schwächeren und jüngeren Hirsch, den er bis dahin auf dem Brunftplatz toleriert hatte. Er hat zu dem Zeitpunkt bereits zwanzig, dreißig Paarungen hinter sich. Die sind es aber nicht, die ihn seine Kraft kosten, denn bei Hirschen dauert der Spaß nur wenige Sekunden. Was die Herren so auslaugt, sind das Kommentverhalten – das bei Hirschen extrem ausgeprägte Imponiergehabe –, das Bemühen, das »Brunftrudel« zusammenzuhalten und nicht zu viele Kandidatinnen an einen Mitbewerber zu verlieren, und natürlich die Kämpfe.

Betritt ein gleich starker, selbstbewusster Hirsch die Bühne, stürmen die beiden nicht sofort aufeinanderlos, sondern lassen beim »Parallelschreiten« erst einmal die Muskeln spielen: Sie gehen sehr nah nebeneinanderher, schauen sich aber nicht an, sondern beobachten sich aus dem Augenwinkel, um die Stärke und den Kampfeswillen des jeweils anderen einzuschätzen. Einem allem Augenschein nach unterlegenen Gegner bietet dieses Schaulaufen die Gelegenheit zu einem ehrenvollen Abgang, indem er einfach davonschreitet. In dem Moment jedoch, wo einer nur eine falsche Bewegung macht, versucht der andere, ihm sein Geweih in die Seite zu stoßen. Dieser Angriff wird mit einer Kopfdrehung pariert, und schon krachen die Kontrahenten ineinander. Danach trennen sie sich ganz oft wieder und bringen etwas Abstand zwischen sich. Dann erst beginnt der richtige Kampf. Sie rammen mit gesenktem Haupt ihre Geweihe gegeneinander, manchmal mit Anlauf, und messen ihre Kräfte, indem sie sich über die Wiese schieben.

Wenn man das große Glück hat, kämpfende Hirsche beobachten zu können, wird man sehen, dass die verzweigte Krone schwerere Verletzungen verhindert. Die Geweihenden fungieren quasi als Parierstange, das Querstück zwischen Griff und Klinge an einem Schwert. Nur bei sehr heftig geführten Kämpfen kann es passieren, dass ein Hirsch für einen Moment nicht aufpasst und der Kontrahent ihm dann mit einer Körperdrehung ein Geweihende in die Seite bohrt. Dann bekommt er einen ziemlich heftigen »Forkelstich« ab – »Forkeln« nennt man in der Jägersprache das Angreifen, Kämpfen oder auch nur Stoßen und Schlagen mit dem Geweih –, den er zunächst überhaupt nicht bemerkt, weil er vollgepumpt ist mit Testosteron und Adrenalin. Erst nach dem Kampf wird er die Schmerzen spüren. Wenn er Pech hat, hat es die Lunge oder ein anderes Organ erwischt. Ich habe in meinem Leben auch mehrere Hirsche gesehen, die nur noch ein »Licht« (Auge) hatten, weil ihnen das andere ausgeforkelt worden war. Das hielt sie aber nicht davon ab, an der nächsten Brunft wieder teilzunehmen, denn selbst als Einäugiger kann man den Gegner gut beobachten, und alles andere funktioniert ja noch hervorragend: Geruchssinn, Gehör – und allem voran der Paarungstrieb.

Für die Paarung ist nicht ausschlaggebend, welcher Hirsch das größte Geweih besitzt. Ob einer zehn, zwölf oder vierzehn Enden hat, oder 182, spielt für das Kahlwild keine Rolle. »Kahlwild« sind die Hirschkühe, so genannt, weil sie kein Geweih, also einen kahlen Kopf haben. Die Damenwelt verfolgt die Kommentkämpfe im Übrigen eher gelangweilt als interessiert, denn die sind reine Männersache. Zwei Kerle streiten darum, wer seine Gene weitergeben darf. Und weil das ein möglichst robustes und gesundes Tier sein sollte, wird der Streit in Form eines Kampfes ausgetragen. Allerdings wird bei der ganzen Sache eines immer völlig unterschätzt: der Anteil der Frauen. Schließlich kommt die Hälfte der Gene vom weiblichen Tier. Geht es also um einen guten Körperbau der nächsten Generation, um feste Muskeln, um Ausdauer, um schnelle und effiziente Feindwahrnehmung und andere Faktoren, ist die genetische Stärke der weiblichen Tiere nicht minder wichtig.

Wenn sie also mit einem schönen Geweih nicht punkten können und die Kämpfe die Hirschkühe kaltlassen, muss es wohl das Imponiergehabe sein, das die Aufmerksamkeit der Weiblichkeit erregt. Dazu zählt zum einen das Röhren, je tiefer im Ton und je länger, desto sexyer. Das extrem tiefe, gutturale Röhren unseres Rothirsches ist einzigartig. Nicht einmal die größten und schwersten Hirsche der Welt, Wapiti und Elch, sind zu einem vergleichbaren Brunftruf in der Lage. In der Eifel lebt so viel Rotwild, dass die Menschen, vor allem jene in den kleinen Bergdörfern, während der Hirschbrunft nachts mit geschlossenen Fenstern schlafen, weil sie sonst kein Auge zubekommen. Zum Imponiergehabe gehört zum anderen das Forkeln – womit in diesem Fall »auf den Boden schlagen« oder »auf den Busch klopfen« gemeint ist – und zum dritten das Harnspritzen. Der übel riechende Urin muss für Hirschdamen das reinste Parfüm sein, denn offensichtlich bewirkt der Geruch, dass sie schneller in den Östrus kommen.

Die Brunft ist für Platzhirsche die härteste Zeit des Jahres. Röhren – ein paar Hundert Mal pro Stunde! – Harnspritzen, Imponiergetue, Kämpfe, Damen beglücken, und das drei, vier Wochen lang. Dazu kommt, dass der Platzhirsch in der ganzen Zeit nicht äst, also keine Nahrung zu sich nimmt. Um die Brunft überhaupt zu überstehen, frisst er sich daher im Sommer eine dicke Fettschicht an. Nur trinken – »schöpfen« sagt der Jäger – tut er viel, muss er ja auch, wenn er ständig Harn spritzen will. Bis zu zwanzig Prozent seines Gewichts verliert der Hirsch in dieser Zeit. Nachdem wieder Ruhe eingekehrt ist, etwa Mitte Oktober, steht jedoch nur noch wenig Kraftfutter zur Verfügung, ein paar Eicheln, Kastanien und Bucheckern, um die Energiereserven wieder aufzufüllen. Kommt dann noch ein früher Wintereinbruch, bedeutet das für so manchen Hirsch das Ende.

Es gibt nur wenige Tierarten, die eine so heftige Brunft mit so vielen Kämpfen haben. Ich komme ja viel herum auf der Welt und sehe viele Hochzeiten von Tieren, von Grizzlys und Elchen in Alaska, von Wapitis in Amerika, von Antilopen in Afrika oder von Panzernashörnern in Indien, doch was die Intensität und die Heftigkeit der Kampfaktionen angeht, ist die Hirschbrunft an nichts zu übertreffen. Und das mitten in Westeuropa, in Deutschland. Wer eine Gelegenheit erhält, die Brunft live zu erleben, sollte die Chance wie gesagt unbedingt nutzen. Fast in jedem Bundesland bieten National- oder Naturparks solche Open-Air-Konzerte der speziellen Art an. Von geschützten Tribünen aus, wo einen das Wild nicht wahrnehmen kann, kann man das Schauspiel auf eine Entfernung von ein paar Hundert Metern beobachten (ein Fernglas leistet da wertvolle Dienste).

Ich könnte stundenlang von der Hirschbrunft erzählen, ein ganzes Buch nur darüber schreiben, weil sie mich jedes Jahr wieder in ihren Bann schlägt, weit mehr als die Brunft von

Reh- oder Damwild, obgleich auch die der Damhirsche nicht unspannend ist. Ab Mitte September werde ich ganz unruhig, gehe nachts raus, wenn es windstill ist, und lausche. Höre ich dann irgendwo einen Hirsch knurren oder rufen, weiß ich, jetzt geht's endlich los.

Damwild – Hirsche mit unfeinen Manieren, aber feinem Fleisch

Damwild liegt, was Größe und Gewicht angeht, zwischen Reh- und Rotwild. Ursprünglich ist es in Vorderasien heimisch, doch die Römer fanden die Tiere mit dem gefleckten und gepunkteten Fell und dem schaufelartigen Geweih so schön, dass sie sie nach Italien brachten. Womöglich gefiel den frühen Italienern auch die Farbvielfalt, denn Damwild gibt es nicht nur im herkömmlichen Braun, sondern, wenngleich selten, auch in den Varianten schwarz und weiß. Von Italien aus verbreiteten sich die Damhirsche trotz des für sie ungewohnten, vergleichsweise harschen Klimas in ganz Mitteleuropa. Ihre bevorzugten Reviere sind große Parklandschaften mit darin verstreuten Wäldchen, wie man sie in Deutschland etwa in Schleswig-Holstein und in Niedersachsen findet. Der Adel fand das Damwild interessant, weil man es gut in Gehegen halten konnte, wodurch es sich hervorragend für das sogenannte eingestellte Jagen eignete. Für diesen Zeitvertreib der höfischen Gesellschaft wurde Wild – vorwiegend Hirsche und Wildschweine, aber auch Niederwild wie Rehe, Füchse oder Hasen – Tage, oft Wochen vor der eigentlichen Jagd auf einem mit Tüchern, Lappen und Netzen umfriedeten Areal »eingestellt«, sprich zusammengetrieben. Bedienstete mussten dafür sorgen, dass keines der Tiere »durch die Lappen gehen«, also entwischen konnte. Am Tag der »Lappjagd« oder »Prunkjagd«, wie dieses perverse Vergnügen ebenfalls genannt wurde, wurden die Tiere in den angrenzenden »Lauf« entlassen, einen meist ovalen Platz mit einem oder mehreren »Jagdschirmen« in der Mitte: überdachten Ständen, unter denen sich die Adligen einfanden, um das Wild wie an einem Schießstand auf der Kirmes abzuknallen.

Diese Art des Amüsements gehört zum Glück längst der Vergangenheit an. Ab Mitte des 19. Jahrhunderts wurde die »deutsche Jagd«, so eine weitere Bezeichnung, kaum mehr praktiziert und mit Ende des Ersten Weltkrieges schließlich komplett eingestellt. Damwild wird aber immer noch gern in Gehegen gehalten, sogar in Stadt- oder Schlossparks, da es dem Menschen gegenüber recht vertraut wird und sehr genügsam ist. Und so kann man in manchen Gegenden aus ziemlicher Nähe die sehr speziellen Brunftlaute der Männchen hören. Das ist so ein Rülpsen und Grunzen, nur viel tiefer und quirliger. Paarungsbereite Weibchen klingen ebenfalls höchst seltsam, beinahe wie eine miauende Katze.

Wenn man die Chance hat, sich an einen Brunftplatz heranzupirschen, kann man sehen, dass die Schaufler, wie man die Böcke nennt – wie bei allen Hirschen tragen nur sie ein Geweih, die Damen nicht –, mithilfe ihrer Schaufeln und Vorderhufe Kuhlen schlagen und diese Liebesnester mit Urin und Sekret aus ihren Duftdrüsen markieren. Interessanterweise liegen die Brunftkuhlen verschiedener Schaufler manchmal nur zehn bis fünfzehn Meter voneinander entfernt. Wenn dann das Kahlwild auf der Bildfläche erscheint, läuft es zu den Schauflern, die sich am besten zu präsentieren wissen. Anders als beim Rotwild jagen die Männer den Frauen nicht hinterher – wobei letztlich nichtsdestotrotz Damenwahl herrscht –, sondern bieten sich diese den Herren aktiv an. Dennoch bleibt es auch bei Damwild nicht aus, dass sich die Männer Gefechte liefern. Da sie sehr muskulöse Hälse haben und die Geweihe dank der Schaufelblätter zwar wuchtig und schwer aussehen, in Wahrheit aber äußerst dünn und somit leicht sind, sind Damhirsche sehr wendig und führen ihre Kämpfe mit beeindruckender Geschwindigkeit. Vor allem aber mit unglaublicher Härte. Anders als bei Rothirschen enden die Scharmützel daher sehr oft mit schweren Verletzungen, sodass man an den Brunftplätzen immer Tiere findet, die schwer verletzt liegen blieben oder auch verendeten. Die Paarungszeit der Damhirsche dauert von Anfang Oktober bis Mitte November, ist also etwas später als die von Rotwild (ab Ende September) und deutlich später als die von Rehwild (ab Juli). Wie Hirschkühe bringen Damtiere, wie man die Weibchen nennt, in der Regel nur ein Junges zur Welt. Zwillingsgeburten sind extrem selten.

Ich habe mehrere Damwildbrunften in Schleswig-Holstein und in Niedersachsen verfolgt und fand sie optisch wie akustisch sehr spannend, daher war ich ganz aufgeregt, als ich bei einer Waldwanderung mit Cleo in der Eifel das typische Grunzen hörte. Ganz langsam und vorsichtig, in Super-Slow-Motion und natürlich gegen den Wind, näherten Cleo und ich uns der Geräuschquelle. Auf einmal hörte ich einen zweiten Hirsch, der heftig am Rülpsen war. Voller Vorfreude pirschten wir weiter und wurden auf einmal, fast schon am Waldrand, von einem Zaun gestoppt. Verblüfft erkannte ich, dass wir an einem Damwild-Gehege standen. Und dann musste ich schmunzeln. Da pirschten Cleo und ich uns nach allen Regeln der Kunst an Tiere heran, die gar keine Chance hatten, uns zu entkommen. Das Gehege war relativ neu und gehörte einer Privatperson, und ich vermute, dass das Damwild zur Fleischerzeugung gehalten wurde. Das Fleisch hat nämlich einen feinen Wildgeschmack, ist zart, fettarm und trotzdem saftig.

Haben Tiere
einen siebten Sinn?

Tiere haben entweder gar keine oder eine im Vergleich zu Menschen nur sehr rudimentäre »Sprache« und müssen daher mehr auf anderen Wegen kommunizieren, zum Beispiel über Körpersprache. Auch für uns ist es interessant, diese zu verstehen. Allein schon eine gewisse Größe und Masse oder gegebenenfalls ein wuchtiges Geweih oder eine imposante Mähne »sagen«: Leg dich bloß nicht mit mir an, ordne dich unter, sonst gibt es einen schweren Kampf, und der wird schmerzhaft für dich. Dazu gesellt sich von Fall zu Fall und speziell in der Paarungszeit das Imponiergehabe, mit dem die Potenz und die Lebenskraft zur Schau gestellt werden, der Rivale eingeschüchtert und das andere Geschlecht beeindruckt werden soll. Bei Hirschen zum Beispiel geschieht das in der Form von Bodenforkeln, Harnspritzen und Röhren, bei Vögeln durch Spreizen des Gefieders, bei Gorillas, indem sie sich auf die Brust trommeln.

Genauso wird auch Unterwerfung durch Körpersprache zum Ausdruck gebracht. Durch das Einklemmen der Rute, durch Wegducken und Wegdrehen signalisiert ein Wolf oder auch ein Fuchs: Ich ergebe mich. Ein zwischen die Hinterbeine gezogener Schwanz ist auch bei allen Katzenarten eine Unterwerfungsgeste. Auf den Rücken legen und dem Gegner so den Bauch und/oder die Kehle präsentieren gilt bei praktisch allen Tieren als Zeichen, dass sie die Überlegenheit ihres Gegenübers anerkennen. Bei vielen Säugetieren, die im Rudel, in der Rotte oder einem anderen Verbund leben, ist die Körpersprache sehr ausgeprägt, weil es gerade da, wo mehrere Individuen sich Revier, Nahrung und Unterschlupf teilen (müssen), wichtig ist, sich zu verständigen und »abzusprechen«, auch, um Missverständnisse zu vermeiden.

Um Reviergrenzen abzustecken, ist die Körpersprache nicht unbedingt und in allen Fällen geeignet, denn dazu müsste der Revierinhaber allgegenwärtig sein. Das passiert daher, wie weiter oben beschrieben, meist durch das Setzen verschiedenster Duftmarken, sei es in Form von Kothaufen, Harn oder Drüsensekret.

Das Ganze funktioniert natürlich nur, weil Tiere ausgesprochen gute Sinne haben. Die eine oder andere Sinnesleistung ist bei manchen Tierarten so immens gut ausgeprägt, dass es unser Vorstellungsvermögen nahezu sprengt. Ich finde es schon sehr interessant, dass Hunde und Katzen Krankheiten erschnüffeln können oder dass Hunde riechen, wenn jemand Angst hat. Was mich aber absolut fasziniert, ist die Tatsache, dass manche Wildtiere einen siebten Sinn zu haben scheinen. Jedenfalls lässt die Arbeit von Icarus darauf schließen. Icarus ist das Akronym von International Cooperation for Animal Research Using Space, einer internationalen Kooperation zur Beobachtung von Tieren aus dem Weltraum, die es sich zum Ziel gesetzt hat, mehr über das Leben der Tiere auf der Erde herauszubekommen. Und die Forscher fanden mehr, als sie gesucht hatten. In ihren wissenschaftlichen Untersuchungen scheint sich nämlich zu bestätigen, was Menschen durch die Jahrhunderte rund um den Globus immer wieder beobachtet haben: dass Tiere Naturkatastrophen vorausahnen. So wissen manche Vögel besser als Meteorologen, wann ein Sturm aufzieht und welchen Weg er nimmt. Am Ätna lebende Ziegen werden schon Stunden vor einem Vulkanausbruch unruhig. Bereits fünf Tage vor dem großen Erdbeben bei der italienischen Stadt L'Aquila im April 2009, bei dem über dreihundert Menschen ums Leben kamen, verließen Erdkröten die Laichgewässer der Umgebung, obwohl sie gerade mitten in der Paarungszeit waren. Es gäbe noch seitenweise Beispiele für das Frühwarnsystem von Tieren. Die berühmten Kanarienvögel, die Bergarbeiter in früherer Zeit mit in die Stollen nahmen, zähle ich nicht dazu. Denn während andere Tiere sich dank ihres »siebten« Sinns in Sicherheit bringen – und dadurch sozusagen als Nebeneffekt uns Menschen warnen –, bewahrten die Grubenvögel die Bergarbeiter vor dem Tod, indem sie selbst bereits bei einer geringen Konzentration des hochgiftigen Kohlenmonoxids tot von der Stange fielen.

Es braucht noch viel Forschung, und es müssen noch viel mehr Daten von Naturkatastrophen analysiert werden, um herauszufinden, wie das Frühwarnsystem der Tiere funktioniert, welche Tierarten auf welche Naturereignisse reagieren, ob überhaupt die Tier*art* reagiert oder nur einzelne Individuen einer Art und ob sie es verlässlich tun oder die bekannten Fälle alle lediglich Zufällen zuzuschreiben sind. Aufgrund der dünnen Datenlage gibt es bislang hauptsächlich Vermutungen, zum Beispiel, dass Elefanten über Druckrezeptoren in den Fußsohlen Infraschall wahrnehmen und daher schon leichteste Erschütterungen im Boden spüren, die ein baldiges Erdbeben oder einen nahenden Tsunami ankündigen. Oder dass manche Vogelarten genau denjenigen Infraschallfrequenzbereich gut wahrnehmen, den Tornados erzeugen, und sei er Tausende Kilometer entfernt. Andere Tiere bemerken vielleicht aus dem Boden austretende Gase oder eine Veränderung im Grundwasserspiegel. Es ist in jedem Fall ein unglaublich spannendes Thema, und wenn sich die Anfangsverdachte bewahrheiten, könnte die weitere Beschäftigung damit in Zukunft unzählige Menschenleben retten, sofern wir bewusster auf das Verhalten der Tiere achten, statt mehr oder weniger blindlings der Technik zu vertrauen.

Aug in Aug
mit dem Jäger

Mit Sicherheit einen siebten Sinn und ein Gespür für Gefahr haben ältere Tiere, wenn die Bedrohung nicht von der Natur, sondern vom Menschen ausgeht. Beobachtet man ein Rudel mit ausschließlich weiblichen Tieren – bei uns in Deutschland käme da eigentlich nur Rotwild, Damwild, Muffelwild und Schwarzwild infrage, in Ausnahmefällen auch Steinwild, also weibliche Steinböcke –, wird man feststellen, dass das Leittier immer ein älteres Weibchen und, ganz wichtig, führend ist, also Nachwuchs hat. Das hängt damit zusammen, dass eine Mutter immer vorsichtiger und umsichtiger ist als ein Weibchen ohne Junge. Das ist bei Tieren nicht anders als bei uns Menschen. Und ältere Tiere sind noch einmal deutlich vorsichtiger, weil sie in ihrem Leben schon viele Erfahrungen mit Beutegreifern gesammelt haben, ob Tier oder Mensch. Wenn zum Beispiel im Herbst vor einer Treibjagd das Jagdhorn zum Aufbruch bläst – ein Halali wird übrigens erst zum Ende der Jagd geblasen – und noch irgendein Jägertrötrö ertönt, dann weiß die erfahrene Hirschkuh, heute ist Treibjagd, und dann wird sie mit ihrem Rudel das Gebiet möglichst verlassen und erst am nächsten Tag zurückkehren.

Eine erfahrene Wildschweinbache wird mit ihrer Rotte genauso das Weite suchen. Ich habe das selbst erlebt in der Zeit, als ich mit Wildschweinen zusammenlebte. Leitbachen wissen, von wo die Treiber kommen, weil es jedes Jahr ähnliche Abläufe sind. Sie wissen, wo die Schützen stehen, wo es dann knallt und Blut spritzt und vielleicht wieder einer aus der Gruppe fehlt. Eine Leitbache mit sehr viel Erfahrung und Geschick wird die Rotte auf die laut rufenden und mit Stöcken klappernden Treiber zuführen, mit ihrer Gruppe die Linie durchbrechen und sich dann hinter den Treibern postieren, weil sie weiß: Da knallt es nicht. Und dann bleibt die ganze Familie ruhig in der Dickung stehen, und erst wenn die Jagd vorbei ist, kehrt sie in ihren gewohnten Einstand zurück, und keiner ist zu Schaden gekommen.

Eine andere Sache ist es, wenn Hunde eingesetzt werden, speziell sogenannte Stöberhunde, das sind meistens Terrier, die sehr viel Unruhe in das Geschehen hineinbringen. Nur sehr erfahrene Hirschkühe oder Leitbachen werden sich eher mit einem oder zwei solcher Hunde anlegen, mit ihren Läufen nach ihnen schlagen, als sich in Panik versetzen zu lassen.

Zumeist wählt das Rotwild, bedingt auch das Damwild, allerdings eine andere Strategie. Die Tiere rudeln sich ganz eng zusammen, stehen praktisch Körper an Körper. Ich habe sogar einmal beobachtet, wie ein Rotwildrudel während der Jagd vom Wald auf eine mehrere Quadratkilometer große Brachlandfläche gewechselt ist und sich dort genau in der Mitte zusammengeballt hat. Man könnte zu dem Schluss kommen, dass sie sich vor Angst aneinanderdrängen, aber das ist nicht der Fall. Die Absicht, die diesem Verhalten zugrunde liegt, ist, optisch einen einzigen großen Klumpen zu bilden. Auf diese Weise können Prädatoren kein einzelnes Tier ausmachen und sich darauf fokussieren. Das ist insofern ein Vorteil, weil etwa Wölfe, aber auch andere Beutegreifer immer versuchen, selektiv zu jagen, also alte, kranke, schwache, lahme Tiere zu eliminieren. Und das gelingt in so einem zusammengedrängten Rudel oft nicht. Dieses Verhalten ist eigentlich typisch für Steppentiere und womöglich ein Relikt aus der Vergangenheit, als das Rotwild noch in der Steppe lebte. Wenn in der Steppe Gefahr droht, gibt es zwei Möglichkeiten: entweder flüchten, dann bleibt der Schwächste zurück und wird gerissen. Oder eben ein dichtes

Knäuel aus Leibern, Köpfen, Schwänzen und Läufen bilden, die Kälber und die sehr Alten immer in der Mitte – und ausharren, was passiert. Wenn es zu einer Attacke kommt, können die wehrhaften Alttiere immer noch mit ihren sehr scharfen Hufen nach den Angreifern schlagen. Diese Strategie bewährt sich auch angesichts menschlicher Jäger, denn wenn sich die Tiere so eng zusammenstellen, ist es unmöglich, einen sauberen Schuss anzutragen, ohne ein anderes Tier zu verletzen.

Im Tierreich ist es einfach so: Eine Beutegreiferstrategie erfordert eine Gegenmaßnahme, und auf eine effizientere Abwehrmethode folgt eine noch effizientere Angriffsstrategie, und immer so weiter. Diese Methoden sind erstaunlich hoch entwickelt. Gerade bei sogenanntem Jagdwild. Das ist ein Grund, warum es in bestimmten Situationen für Jäger immer schwieriger wird, überhaupt genug Jagdwild zu erlegen. Nehmen wir als Beispiel wieder einmal Wildschweine. Ein Großteil dieser Tiere wird nachts an sogenannten Kirrungen, Anfütterstellen, geschossen. Wer aufmerksam durch den Wald geht, kann in der Nähe von Hochsitzen kleine, in die Erde eingelassene Holzkästen finden, eine Tonne mit Löchern oder ein ähnliches Versteck. Wenn man die Tonne umdreht oder den Deckel vom Kästchen hebt – beides auch keine große Herausforderung für eine Wildschweinschnauze –, wird man darunter Mais finden. Wildschweine lieben Mais. Es gibt Hochrechnungen, dass für jedes Kilogramm Wildschweinfleisch – ein Wildschwein liefert im Schnitt dreißig bis fünfunddreißig Kilogramm Wildbret – ungefähr vier Kilogramm Mais in den Wald gekarrt werden, um die Tiere anzufüttern. Und da jedes Jahr fast eine halbe Million Wildschweine geschossen werden, haben die Wildschweine irgendwann realisiert: Mais kann tödlich sein. Wenn erfahrene Bachen eine neue Stelle wittern, an der es nach Mais riecht, reagieren sie daher erst einmal mit Flucht. Manche kehren dann allerdings doch zurück, weil sie der Versuchung einfach nicht widerstehen können.

Die Jagd beziehungsweise deren Ausbleiben ist auch ein Grund, warum Wildschweine gern am Stadtrand leben. Dort finden eben keine Jagden statt, und mit den anderen Gefahren, etwa Hunden, die aber in der Regel an der Leine sind, Menschen, die sie verjagen, oder Autos, die hupen, kommen sie gut klar.

Tiere in der Stadt

Nicht nur Wildschweine, auch viele andere Wildtiere leben am Stadtrand oder sogar in der Stadt, mehr, als den meisten von uns bewusst ist. Manche haben sich dauerhaft unter uns niedergelassen, andere kommen nur auf Besuch; manche sind eher klein und unauffällig, andere ziehen die Aufmerksamkeit auf sich wie die Füchse, die in jüngster Zeit vermehrt in Großstädten zu sehen sind. Die einen Wildtiere sind alte Bekannte, andere sind Neuzugänge. Viele sind Einheimische, einige sind Neozoen, die, wie der Große Alexandersittich in Wiesbaden und Köln, aus einem Zoo ausgebüxt sind oder – und deren Zahl ist nicht zu unterschätzen – von ihren Besitzern im wahrsten Sinn des Wortes auf die Straße (oder in den nächsten Teich) gesetzt wurden. Darunter sind Gottesanbeterinnen, Stabheuschrecken, seltene Frösche, Schildkröten, Kaimane und etliche andere Arten. Vermutlich gehen die meisten Neozoen in der ihnen fremden Umgebung zugrunde, aber einige kommen durch und etablieren sich.

Zu den »alten Bekannten«, also den klassischen Stadtbewohnern, gehören zum Beispiel Eichhörnchen, Kaninchen und viele Vogelarten, etwa die Taube. In warmen Städten wie Wiesbaden oder Köln kann man an milden Frühsommerabenden und lauen Nächten die Nachtigall hören, einen Vogel, der eher im Verborgenen lebt und sehr unscheinbar aussieht, dafür mit seinem Gesang betört. Als Kind habe ich mit viel Geduld die putzigen Eichhörnchen angefüttert, bis sie mir aus der

Hand fraßen – und mich manchmal auch in den Finger bissen. Rehe, das weiß ich ebenfalls noch aus meiner Kindheit, fressen in den Gärten der Vorstadt gern die Geranien und Nelken ab und die Salatbeete kahl. Kaninchen lebten schon immer in Stadtparks, und manche Vogelarten sind reine Stadtvögel, wie etwa der Haussperling, der lieber verhungert, wenn er kein Futter mehr findet, als seinen angestammten Stadtteil zu verlassen.

Andere Arten sind relativ neu in der Stadt. Was viele überraschen wird: Aus historischer Sicht ein Neuzugang ist die Amsel. Sie lebte bis vor etwa 150 Jahren im Wald, genauer in dichten, dunklen Wäldern, während heute schätzungsweise siebzig Prozent aller Amseln Deutschlands die Städte bevölkern. Hier haben sie mittlerweile ein recht gutes Auskommen und bleiben das ganze Jahr, während sie früher im Winter nach Südeuropa zogen. Manch seltene Art wie der Wanderfalke, der in Deutschland praktisch ausgestorben war, hat in Städten eine neue Heimat gefunden; so zum Beispiel in Berlin, wo man ihn ganz gezielt ausgewildert hat. Er brütet an Vorsprüngen oder in Vertiefungen von Hochhäusern. Manche Wissenschaftler behaupten, dass das Vogelleben in der Stadt inzwischen reichhaltiger ist als in einem Mischwald im Mittelgebirge. Das mag sein, unter anderem, weil es immer mehr Insekten in die Städte zieht. Vielleicht sind aber Städte diesbezüglich einfach nur besser kartiert und erforscht.

Auch manche Füchse, Wildschweine und andere größere Wildtiere sind nicht mehr nur gelegentliche Besucher, sondern haben sich fest in der Stadt niedergelassen. Früher hätte man diese Tiere auf keinen Fall in der Stadt geduldet und sofort das Ordnungsamt oder die Polizei alarmiert, denn, so dachte man, wenn ein Wildtier dem Menschen so nahe komme, dann könne etwas mit ihm nicht stimmen und es habe bestimmt Tollwut oder ähnliches. Wir Deutschen hatten es lange Zeit verlernt, mit Wildtieren als unmittelbare Nachbarn zu leben, und tun uns nach wie vor schwer damit. In Slowenien, Tschechien und Rumänien etwa, wo große Wildtiere wie Bären und

Wölfe sogar am Stadtrand hausen, gehen die Menschen wie schon erwähnt entspannter damit um, denn »die waren ja schon immer hier«. Und in Australien gibt es Neubausiedlungen, in denen Parks bewusst so angelegt werden, dass sie einheimischen Wildtieren wie Wallabys, Koalabären und Kakadus ein Zuhause bieten.

Warum aber leben nun immer mehr Tiere unter uns? Ganz einfach: Alle diese Tiere sehen einen Nutzen darin, in der Stadt zu leben. In der freien Natur ist das Angebot nur zu bestimmten Zeiten reichhaltig: Im Frühjahr gibt es frisches Grün und im Spätsommer und Herbst Kastanien, Eicheln, Bucheckern, Beeren und Pilze. Im Hochsommer ist die Kost eher karg und in harten Wintern gar nicht vorhanden. Durch das jahrzehntelange Ausbringen von Insektiziden, Fungiziden und Herbiziden in den Wäldern und auf den landwirtschaftlich genutzten Flächen haben wir Menschen zudem das natürliche Nahrungsangebot für viele Wildtiere stark verringert oder ganz vernichtet. Hingegen ist in den stadtnahen und innerstädtischen Gärten und Parks, die wir uns zuliebe von der Giftspritze verschonen, der Tisch das ganze Jahr über gedeckt. Und wenn man da mal nicht fündig werden sollte, kann man ja an Müllplätzen, in Mülltonnen oder Abfallbehältern nach alten Backwaren und sonstigem Fressbaren stöbern oder vor einem der zahlreichen Fast-Food-Restaurants heruntergefallene Pommes aufsammeln.

Rings um die Städte wird zumeist intensive, oft »grüne« Landwirtschaft betrieben, sodass Wildtiere ein nicht nur reichhaltiges, sondern auch noch abwechslungsreiches Menü mit beispielsweise Getreide, Hackfrüchten und Winterraps vorfinden. Gleichzeitig haben sich die urbanen Gebiete immer weiter ausgebreitet. Das heißt, eigentlich sind nicht manche Tiere in die Stadt gezogen, sondern ist die Stadt in ihr Wohnzimmer vorgedrungen. Während manche Tierarten, allen voran die hochspezialisierten, durch die Gifte und die Ausbreitung des Menschen in ihren Lebensraum hinein seltener geworden sind und in einigen Gebieten nicht mehr existent, haben die Generalisten gelernt, die Nähe des Menschen zu akzeptieren und ihre Vorteile daraus zu ziehen. Wobei sich Tiere natürlich nicht sagen, ah, hier fängt die Stadt an, hier finde ich mein Auskommen, sondern schlicht ihrem Instinkt folgen.

Die Ödnis auf dem Land – Hecken, Büsche, Feldraine und dergleichen fielen ja vielerorts den riesigen Äckern mit Monokulturen zum Opfer, blühende Wiesen sind selten geworden – und das Fehlen von Insektiziden in der Stadt sind womöglich auch der Grund, dass zunehmend Insekten in die Städte vordringen. Auf einem alten Bahngelände in Berlin entdeckte ich die seltensten Insekten Deutschlands wie das Grüne Heupferd und Maulwurfsgrillen. Und auf Münchens naturnahen Flächen leben 37 Heuschreckenarten – enorm viel, denn in ganz Bayern gibt es nur 46 Arten, und die Hälfte davon ist stark bedroht. Unter den Landflüchtern ist auch die Honigbiene. Sie findet in der Stadt fast optimale Bedingungen vor: Balkons, Dachterrassen, Hausgärten, Blumenwiesen, Parks und Friedhöfe bieten ein reichhaltiges Nahrungsangebot – und alles frei von Insektiziden. So widersinnig es klingt, hat Honig aus der Stadt daher vermutlich höhere Chancen, ein Biozertifikat zu erhalten, als Honig vom Land.

In der Stadt ist es wärmer, was neben dem großen und ganzjährigen Nahrungsangebot dazu beiträgt, dass mehr Junge überleben. Es gibt zudem zahlreiche Versteckmöglichkeiten und weniger Beutegreifer wie Habichte oder Sperber, was insbesondere für Beutetiere wie Vögel, Kleinsäuger oder Insekten entscheidend ist. Außerdem sind manche Gesetze, die in Wald und Flur gelten, etwa dass ein Beutetier ständig auf der Hut sein muss, in der Stadt teilweise außer Kraft gesetzt, weil sich der Fuchs dort auch gern von Biokompost und Abfällen ernährt oder der Marder über den Inhalt eines Katzenschälchens hermacht, das auf einer Terrasse steht. Dazu kommt, dass in der Stadt oder in Stadtnähe viele Tiere überfahren werden, sodass die Beutegreifer nur nach diesen Verkehrsopfern Ausschau zu halten und sie abzusammeln brauchen. Tatsächlich können sie davon so gut leben, dass sich ihr Jagdverhalten dadurch verändert hat. Tiere sind viel flexibler und anpassungsfähiger, als wir Menschen oft denken. Und einige sind »schlau wie ein Fuchs«. Auch zum Beispiel das Wildschwein. Es hat gelernt, sich unter Zäunen durchzuwühlen, um die dahinter liegenden Gärten plündern zu können.

Viele Menschen sind erstaunt, dass Wildtiere keine Angst vor der Stadt und vor allem nicht vor deren Bewohnern zeigen. Das liegt schlicht daran, dass von ihrer Natur her Tiere uns Menschen nicht als Bedrohung sehen. In Gebieten, in denen sie selten einen Menschen zu Gesicht bekommen und keine schlechte Erfahrungen mit uns gemacht haben, sind sie uns gegenüber sehr entspannt. Nicht nur einmal habe ich es in abgelegenen Regionen Alaskas erlebt, dass ein Wolf relativ nahe an mir vorbeilief, mich definitiv auch wahrnahm, aber von mir nichts wissen wollte. Nachts kam auch mal ein Bär, ein Elch oder ein Vielfraß – eine besonders große Marderart – in mein Camp. Sie alle waren aber mehr an meinen Futtervorräten als an mir interessiert. Erst durch die intensive Bejagung durch den Menschen wurden etliche Tierarten scheu. In der Stadt wird aber nicht gejagt. Da gibt es zwar viele metallische Geräusche, es knallt auch mal bei einer Fehlzündung oder wenn eine Autotür zugeschlagen wird, aber dieser Schuss, nach dem einem die Schrotkörner um die Ohren fliegen oder ein Bein furchtbar schmerzt, den hört man in der Stadt nicht.

Auch in den Hunden sehen die Wildtiere keine große Gefahr. Sie wissen, dass die »Stadthunde« in der Regel keine Jagdhunde sind, die versuchen würden, sie zu hetzen oder zu stellen. Außerdem werden die Hunde in der Stadt die meiste Zeit ohnehin an der Leine geführt. Viele Wildtiere, die in das Beuteschema eines Hundes fallen würden, kommen zudem nur in der Dämmerung oder nachts aus ihren Verstecken, und da sind sie vielen Hunden überlegen. Selbst Rehe, die im Stadtpark in einer Hecke stehen, bleiben entspannt, wenn Frauchen mit ihrem Hund vorbeispaziert. Die Lauscher gehen mit, das Tier dreht sich, riecht, weiß genau, von dieser Person mit ihrem Hund geht keine Gefahr aus, und äst in aller Ruhe weiter. Ich habe ein solches Verhalten von Bäumen aus schon selbst beobachtet. Apropos Bäume: Mitten im Englischen Garten in München leben Waldkäuze und Sperber in den Bäumen rund um den Biergarten Chinesischer Turm, der mit seinen 7000 Sitzplätzen alles andere als ein ruhiger Ort ist.

So ziemlich das Einzige, was ein Wildtier in der Stadt fürchten muss – zumindest ein am Boden lebendes – ist, überfahren zu werden. Alles in allem stellt sich für viele Wildtiere das Leben in der Stadt daher einfacher, entspannter und gefahrloser dar. Und diese Erfahrung geben sie an ihre Jungen weiter, die folglich gar keine Veranlassung sehen, wieder in den Wald zu ziehen.

Es gibt allerdings Tiere, die in der Stadt nicht leben könnten, die nicht einmal mit der Nähe einer Stadt zurechtkommen. Das sind meistens Tiere, die große Waldgebiete brauchen, um sich wohlzufühlen, und vor allem viel Ruhe, wie zum Beispiel die Wildkatze, der Schwarzstorch, das Auerwild, der Baummarder oder der Rothirsch.

Ruhe und Ungestörtheit brauchen auch die Wildtiere, die sich im Winter einen etwas ausgiebigeren Schlaf gönnen, ob an versteckten Plätzen in der Stadt oder draußen in der Natur.

Husch, husch, ins Bettchen – Winterschlaf, Winterruhe und Winterstarre

Sobald sich Tiere, die der kalten Jahreszeit nicht durch einen Flug in wärmere Gefilde entkommen können, wie es viele Vögel tun, die kein Winterfell bekommen und in Schnee und Eis nicht genügend Nahrung finden würden, über den Winter eine »Auszeit« nehmen, wird häufig verallgemeinernd von »Winterschlaf« gesprochen. Doch die wenigsten Tiere halten tatsächlich einen Winterschlaf. Der ist dadurch gekennzeichnet, dass die Körpertemperatur auf sieben bis neun Grad absinkt und das Herz nur noch ein paarmal pro Minute schlägt statt der üblichen hundertmal etwa beim Murmeltier oder zweihundertmal beim Igel. Auch die Atmung wird auf ein Minimum reduziert. Bei Murmeltieren können zwischen zwei Atemzügen mehrere Minuten, bei Fledermäusen sogar bis zu eineinhalb Stunden vergehen. Klassische Winterschläfer sind neben Murmeltier, Igel und manchen Fledermausarten der Hamster und Bilche wie der Baumschläfer, der Gartenschläfer, der Siebenschläfer oder die Haselmaus. Diese Tiere fallen tatsächlich in einen tiefen, entspannten Schlaf, aus dem sie nur selten mal kurz aufwachen, um ihre Position zu ändern. Sie brauchen im Frühjahr mehrere Tage, um ihren Stoffwechsel hochzufahren und alle Lebensfunktionen wieder in Gang zu bringen. Damit sie während der langen Wintermonate nicht verhungern, müssen sich die Tiere reichlich Fettreserven anfressen.

Bei Tieren, die nur eine sogenannte Winterruhe halten, zum Beispiel Bären, Dachse und Eichhörnchen, bleibt alles mehr oder weniger wie gewohnt. Körpertemperatur, Herz- und Atemfrequenz werden nur leicht verringert, die Tiere sparen Energie allein dadurch, dass sie viel schlafen. Einige von ihnen legen sich Vorräte für den Winter an, von denen sie in ihren Wachphasen fressen. Wenn die Außentemperaturen zwischendurch ansteigen, verlassen manche auch mal kurz ihre Schlafhöhlen, um nach Nahrung zu suchen. Dachse machen das zum Beispiel, bei Braunbären ist es eher selten. Überlebenswichtig ist es nicht, denn in der Regel legen sich auch Tiere, die Winterruhe halten, vorher Fettpolster zu.

Ob sie nun Winterschlaf oder nur Winterruhe halten: Für all diese Tiere sind drei Dinge besonders wichtig, bei denen vor allem die Gartenbesitzer unter uns sie unterstützen können: Damit sich die Tiere Winterspeck anfuttern können, sollten wir eine grüne Hecke pflanzen – beziehungsweise behalten –, statt eines der jetzt leider modernen Draht-Stein-Gebilde zu errichten; eine artenreiche Wiese wachsen lassen, statt das Gras auf Englischen Rasen zu trimmen; und, sofern möglich und erlaubt, einen Gartenteich anlegen. Stein- und Reisighaufen bieten den Tieren die Gelegenheit, einen ungestörten Platz für ihr Winterquartier zu finden. Ganz wichtig ist, Laubhaufen im Garten liegen zu lassen, denn sie erfüllen mehrere Zwecke: Ein Igel zum Beispiel kann sich gleich direkt darin sein Schlafzimmer einrichten, oder er nutzt das Laub, um eine Schlafhöhle an anderer Stelle damit auszupolstern. Da Laub sehr gut isoliert, profitieren auch viele Insekten davon, beziehungsweise deren Larven, die im Boden heranwachsen.

Sich einen dicken Wanst zulegen, für eine kuschelige Schlafstatt sorgen, viel schlafen – klingt nach einem guten Plan für die kalte Jahreszeit, doch wie gelingt es den Tieren, die monatelange Inaktivität unbeschadet zu überstehen? Wenn wir Menschen längere Zeit bettlägerig sind, liegen wir uns wund, schwinden unsere Muskeln, wird unser Herz schwächer, verstopft der Darm, Nieren und Leber wollen nicht mehr so recht.

Warum passiert das den Tieren nicht, die Winterschlaf oder Winterruhe halten? Das Geheimnis liegt in den Corticosteroiden, einem natürlichen Kortison, das im Fett von Murmeltier und Dachs, aber auch von Igel, Bär und Fledermaus enthalten ist. Früher fand sich in vielen Hausapotheken Murmeltier- und Dachsfett. Während Ersteres in der Alpenregion eigentlich nie ganz aus der Mode kam, geriet das Dachsfett vorübergehend in Vergessenheit. Beide Fette sind gut gegen entzündete Hautstellen und Abszesse, Murmeltierfett fördert die Durchblutung und lindert Schmerzen in Muskeln und Gelenken, Dachsfett hilft unter anderem bei Rheuma, Gicht, Arthrose und weiteren Symptomen von Bewegungsarmut.

Wechselwarme Tiere wie Reptilien und Amphibien halten weder Winterschlaf noch Winterruhe, sie verfallen vielmehr in Winterstarre, auch Kältestarre genannt. Die Tiere ziehen sich in ein frostsicheres Versteck zurück, das kann ein verlassener Mäusebau, eine Aushöhlung unter einer Wurzel oder in einem morschen Baumstamm sein, ein Spalt in altem Mauerwerk, ein Schacht oder der schon bekannte Laubhaufen. Manche Amphibienarten, zum Beispiel Wasserfrösche und einige Molcharten, überwintern auch im Schlamm am Boden eines Gewässers. Das bisschen Sauerstoff, das sie brauchen, »atmen« sie über die Haut ein. Wie beim Winterschlaf werden sämtliche Körperfunktionen auf ein Mindestmaß reduziert. Anders als Winterschlaf oder Winterruhe folgt die Winterstarre jedoch keinem Verhaltensmuster, sondern tritt automatisch bei niedrigen Temperaturen ein – und endet genauso automatisch, sobald es wieder wärmer wird. Wobei »wärmer« nicht bei allen betroffenen Tierarten dasselbe ist.

Die ersten Amphibien, die im Frühjahr aus der Winterstarre kommen, und dies außergewöhnlich zeitig, sind die Erdkröten. Sobald es ein paar wenige Plusgrade hat, in der Regel Mitte März, wagen sie sich ans Tageslicht. Noch ganz klamm vor Kälte, bekommen sie kaum einen Fuß vor den anderen, aber der Paarungstrieb treibt sie gnadenlos zu den Laichgewässern. Manche der Männchen denken sich wohl: »Was ich hab', das hab' ich«, denn sie erklimmen schon auf dem Weg zu ihrem angestammten Teich oder Tümpel den Rücken eines Weibchens und klammern sich daran fest. Sie lassen nicht einmal dann los, wenn sie von Tierschützern hochgehoben und über die Straße getragen werden. Dieser Klammertrieb führt dazu, dass alles festgehalten wird, was auch nur annähernd die Form und die Größe einer Krötendame hat, also zum Beispiel ein sehr großes Männchen – normalerweise sind die Buben deutlich kleiner als die Mädels – oder auch mal ein Tannenzapfen. Auch dass ein Weibchen schon »besetzt« ist, hält so manches Männchen nicht vom Klammern ab. »Sie« hat dann zwei Verehrer am Hals, buchstäblich, und kann schauen, wie sie im Wasser die Nase oben behält. Nicht immer gelingt ihr das, weshalb etliche Erdkrötenweibchen während der Paarungszeit ertrinken.

Nicht »ertrinken«, aber »trinken« liefert mir das Stichwort für ein ganz anderes, wie ich finde, hochinteressantes Thema.

Was dem einen guttut, schadet dem anderen

Man weiß, dass viele indigene Völker, ob die Inuit und andere Native Americans, die Aborigines oder einige afrikanische Bevölkerungsgruppen, Alkohol sehr schlecht vertragen. Schuld daran ist ein Mangel an oder das gänzliche Fehlen von Alkoholdehydrogenase (ADH), einem Enzym, das beim Abbau des Zellgifts hilft. Früher dachte man, dass die polaren Völker dieses Enzym nicht haben, oder allenfalls wenig davon, weil es bis zur Ankunft der »Weißen« in ihren Lebensgefilden schlicht keinen Alkohol gab. Woher hätte er auch kommen sollen? Es gab ja weder Früchte noch Getreide, die gären hätten können. Das erklärt aber nicht, warum auch indigene Völker in sehr fruchtbaren Gegenden wenig oder kein ADH haben (innerhalb eines Volkes können die einen wenig, andere gar keines aufweisen). Es ist wohl eher so, dass auch wir Europäer es ursprünglich nur in geringer Anzahl besaßen und es im wahrsten Sinn des Wortes notgedrungen aufstockten. Das zumindest ist die Ansicht vieler Experten. Die Verstädterung vor allem im Mittelalter führte nämlich dazu, dass die Menschen verunreinigtes Wasser tranken, da Fäkalien von Mensch und Tier oder Färbemittel in Flüsse, Bäche und auch künstlich angelegte Brunnen gelangten, aus denen die Bevölkerung ihr Trinkwasser schöpfte, was immer wieder zu teils verheerenden Seuchen führte. Dank alkoholischer und somit keimfreier Getränke konnten einige Menschen diese Krankheitswellen überleben, und so bauten sie einen höheren ADH-Spiegel und damit eine bessere Alkoholverträglichkeit auf, die sie an nachkommende Generationen vererbten. Unter dem Strich heißt das: Nicht indigene Völker haben *wenig* ADH, sondern wir Europäer und somit zum Beispiel auch die weißen Amerikaner oder Australier – Nachkommen unserer ausgewanderten Vorfahren – haben besonders *viel* davon.

Über die »Fähigkeit«, Alkohol zu vertragen beziehungsweise gut abzubauen, verfügen auch manche Tiere. Ältere Leser werden sich noch an den Film *Die lustige Welt der Tiere* aus dem Jahr 1974 erinnern, der in der Namib-Wüste, der Kalahari-Halbwüste und im Okavango-Becken gedreht wurde. Er zeigt, wie sich Elefanten, Warzenschweine, Paviane und andere Wildtiere über die vergorenen Früchte des Marula-Baums hermachen und anschließend ziemlich beschwipst umhertorkeln oder, wie die Paviane, Purzelbäume schlagen. Zumindest bei den Elefanten war aber wohl nicht der Alkohol schuld an ihrem unsicheren Gang. Der Alkoholgehalt der Früchte beträgt nämlich gerade mal drei Prozent, ein Elefant könnte gar nicht so viele der Früchte fressen, dass er davon betrunken würde. Britische Biologen vermuten daher, dass die Dickhäuter eher leichte Vergiftungserscheinungen hatten, da sie nicht nur die Früchte, sondern auch die Rinde des Marula-Baums fressen, und in der Rinde verbergen sich die Puppen giftiger Käfer.

Auch bei uns gibt es Tiere, die sich gern einmal einen genehmigen, speziell die sogenannten Weichfresser unter den Vögeln, die sich also nicht von Körnern, sondern von Früchten, Weichtieren und Insekten ernähren. Allen voran könnte man die Stare nennen, die Würmer und Engerlinge aus dem Boden picken, Schnecken und Spinnen verspeisen, Weidetiere nach Zecken absuchen und im Sommer gern Früchte und Beeren fressen. Kirschen und Trauben lieben sie über alles. Weinbauern kennen das Problem zur Genüge, so wie jeder, der einen Kirschbaum sein Eigen nennt. Sobald die Kirschen reif werden, fallen die Stare ein und hacken an den Früchten herum, plündern den Baum manchmal sogar komplett.

Des einen Freud, des anderen Leid, denn wir Menschen wollen nun mal keine angefressenen Kirschen essen. Man kann ein Vogelschutznetz über den Baum spannen, damit die Stare nicht an die Leckerbissen herankommen, was bei einem großen Baum kein leichtes Unterfangen ist. Man kann versuchen, die Stare zu vertreiben, zum Beispiel mit einem sogenannten Vogelschreckballon oder einem Vogelscheu-Falkendrachen, was meist nur so lange wirkt, bis die Vögel den Trick durchschauen. Oder man kann den Staren ihre Freude lassen. Wie auch immer man sich entscheidet, die Stare werden genügend reife Kirschen finden, entweder am Baum oder als Fallobst am Boden, die vor sich hin gären. Und die Stare fressen und fressen, fliegen zum nächsten Kirschbaum, fressen dort wieder, und so geht das den ganzen Tag. Und obwohl sie auf diese Weise für ihre Körpergröße vergleichsweise viel Alkohol zu sich nehmen, werden sie nicht betrunken. Man muss sich das so vorstellen, als wenn wir Menschen regelmäßig über den Tag verteilt etwa alle vierzig Minuten ein Glas Rotwein trinken würden. Stare sind also extrem trinkfest, sozusagen kleine Quartalssäufer, und das liegt daran, dass sie, wie manch andere Vogelart, extrem viel Alkoholdehydrogenase haben.

Als Kinder haben wir im Fernsehen gesehen, wie der kleine Michel aus Lönneberga, die Romanfigur von Astrid Lindgren, ohne böse Absicht gärende Kirschen an das Hausschwein und den Hahn verfüttert, worauf das Schwein zuerst wie wild über den Hof jagt und dabei die Hühner zu Tode erschreckt, bevor es, ebenso wie der nicht minder betrunkene Hahn, zur Seite kippt und die beiden ihren Rausch ausschlafen. Ich denke, da wurde ziemlich nachgeholfen. Wir Kinder wollten das damals natürlich nachmachen, und so tränkten wir Brotstückchen mit billigem Schnaps, verteilten das an Hühner und warteten dann darauf, dass sie umfielen. Doch es dauerte unendlich lange, bis das Federvieh überhaupt eine Reaktion zeigte, und die bestand nur darin, dass sie ein bisschen aufgeregter gackerten. Wir haben uns damals sehr gewundert, wie trinkfest Hühner sind. Heute weiß ich, dass Hühner ähnlich wie Stare eine relativ große Menge Alkohol vertragen. Es kommt wohl daher, dass sie gern Vogelbeeren, Holunder und Schlehen fressen, die gegebenenfalls auch schon gären.

Wie unterschiedlich Menschen und Vögel auf manche Substanzen reagieren, kann man an einer Tragödie in Indien sehen. Vor ungefähr dreißig Jahren setzte dort ein Massensterben unter den Geiern ein, und innerhalb weniger Jahre schmolz der Bestand von achtzig Millionen auf ein paar klägliche Reste zusammen. In Indien gibt es Hunderte Millionen von Kühen, doch da die Tiere dort heilig sind, dürfen sie weder geschlachtet noch überhaupt getötet und auch nicht gegessen werden. Doch wohin mit all den Kadavern von Kühen, die an einer Krankheit oder an Altersschwäche starben? Für deren Entsorgung waren in Indien seit jeher die Geier verantwortlich. Dann wurde Mitte der 1990er-Jahre Diclofenac, ein Schmerzmittel und Entzündungshemmer, in der Tiermedizin zugelassen und, da es ein billiges Medikament war, von den Milchbauern reichlich eingesetzt. Auch die frei durch die Straßen laufenden Kühe bekamen Diclofenac verabreicht, wenn sie verletzt wurden, was durch den zunehmenden Verkehr immer häufiger vorkam. Da Geier als extrem robuste Vögel gelten, die sich von Aas ernähren, also verwesendem Fleisch, kam man lange nicht auf den Gedanken, eine Verbindung zwischen dem Geiersterben und Diclofenac herzustellen, doch tatsächlich reicht schon die geringe Dosis von 1,5 Milligramm des Medikaments aus, um bei einem Geier Nierenversagen und in der Folge einen qualvollen Tod auszulösen. Die Leber einer Kuh, die vor ihrem Tod mit Diclofenac behandelt wurde, reicht aus, um mehrere Geier zu töten. Zum Vergleich: Bis zu 1,5 Milligramm dürfen bei uns schon für Kinder im Alter von ein bis fünf Jahren verschrieben werden – pro Kilogramm Körpergewicht des kleinen Patienten! Die maximale Tagesdosis für einen erwachsenen Menschen liegt bei 100 bis 150 Milligramm, also dem Hundertfachen dessen, was für einen Geier tödlich ist. Bis man zu diesen Erkenntnissen gelangte, waren je nach Geierart zwischen 95 und 99 Prozent des Bestands ausgerottet. Ein Indiz dafür, dass wir Menschen Sachverhalte oft komplett falsch einschätzen, dass wir glauben, nur weil etwas uns nicht schadet, wird es auch robusten Tierarten nichts tun. Das vollständige Verschwinden von Indiens Geiern konnte nur verhindert werden, weil die Anwendung von Diclofenac in der Tiermedizin verboten wurde. Ob sich die Geierpopulationen erholen werden, bleibt noch abzuwarten.

Diese dramatische Geschichte belegt wieder einmal, dass wir Menschen für die Tiere eine unendlich viel größere Gefahr darstellen als umgekehrt. Eine Giftschlange, ein Skorpion, ein Weißer Hai oder ein Salzwasserkrokodil tötet vielleicht einmal *einen* Menschen, aber keine Tierart dieser Welt hat es bisher geschafft, die menschliche Population an den Rand der Ausrottung zu bringen. Zu solch katastrophalen, oft irreversiblen Aktionen sind nur wir Menschen fähig.

Nasskalt erwischt

Ich will damit keineswegs behaupten, dass die Natur grundsätzlich ungefährlich wäre. Sie birgt durchaus Gefahren, und die sollte man kennen, wenn man sich in ihr bewegt. Und man sollte wissen, dass selbst kleine Fehler oder Sorglosigkeit große Folgen haben können. Viel zu oft aber geben sich Menschen der Illusion hin, dass wir in Deutschland mehr oder weniger in einem Fullsize-Airbag leben. Sie verlassen sich darauf, dass sie im Notfall mit ihrem Handy Hilfe herbeirufen können, und ziehen deshalb völlig sorglos los. Man ist ja, wenn man nicht gerade eine mehrtägige Tour macht, »in ein paar Stunden wieder zu Hause«. Selbst bei mehrtägigen Touren oder gerade in den Bergen, wo es besonders wichtig wäre, hat keiner ein Barometer bei sich, um ab und zu einen Blick auf den Luftdruck zu werfen. Fällt er, ist das ein Zeichen, dass sich das Wetter ändert, dass zum Beispiel ein Sturm aufzieht. Heutzutage verlassen sich die Menschen stattdessen auf eine Wetter-App. Doch was, wenn der Akku alle ist? Oder man kein Netz hat, was ja auch in Deutschland durchaus vorkommen kann? Ich habe außer einem Barometer auch immer einen Kompass und ein kleines Messer im Rucksack, denn gerade bei Unternehmungen wie dem Wandern will ich mich nicht allein auf Hightech verlassen.

In der »richtigen« Wildnis, etwa im Norden Alaskas oder im australischen Outback, um nur zwei Gebiete zu nennen, würden dieselben Leute, die hier in Shorts und T-Shirt, ohne Verpflegung, womöglich sogar ohne Wasser oder ein anderes

Getränk zu einer Tagestour aufbrechen, vermutlich einen Sechzig-Liter-Rucksack mitschleppen, vollgestopft mit A wie Aspirin bis Z wie Zeckenzange, um für sämtliche Eventualitäten gerüstet zu sein. Sie würden genau darauf achten, wohin sie ihren Fuß setzen, welchen Weg sie nehmen, würden sich Gedanken machen, wo Gefahren lauern könnten und wie man sie meidet. Dasselbe sollte man auch hier tun.

Letztens habe ich in einer Campingzeitschrift ein stimmungsvolles Foto gesehen, das im Indian Summer in Nordamerika oder Kanada aufgenommen worden war: Da stand ein kleines Zelt direkt am Ufer eines quirligen Baches, im Hintergrund leuchtete der herbstliche Laubwald in allen erdenklichen Rot- und Gelbtönen, und über allem wölbte sich ein strahlend blauer Himmel. Ein tolles Foto. Und ein idyllisches Plätzchen zum Zelten, zweifellos. Aber unter Umständen sehr gefährlich. Denn falls es in der Nacht weiter oben in den Bergen einen schweren Regenguss oder ein heftiges Gewitter gibt, kann es sein, dass noch in derselben Nacht eine Flutwelle heranrauscht und das normalerweise harmlose Gewässer für kurze Zeit in einen tobenden Fluss verwandelt, der alles mit sich reißt, was im Weg steht. Dann geht nicht nur die gesamte Ausrüstung im wahrsten Sinn des Wortes den Bach runter, sondern es kann lebensbedrohlich werden. Man ist im Schlafsack gefangen, bekommt den Reißverschluss des Zeltes nicht auf, wird vom wild wirbelnden Wasser womöglich in das Zelt gewickelt wie in eine Zwangsjacke. Aber selbst wenn man sich aus Schlafsack und Zelt befreien kann, verschluckt man sich vielleicht in den tobenden Fluten oder bekommt einen schweren Schlag gegen den Kopf von einem Baumstamm, den das strudelnde Wasser mit sich führt, und ertrinkt. Vielleicht wird man auch nur ein paar Hundert Meter mitgespült und schließlich unverletzt oder nur leicht lädiert ans Ufer gespuckt. Gerettet ist man dann längst noch nicht. Alles ist nass, die Ausrüstung verloren, kein Feuerzeug, keine Streichhölzer, um ein Feuer zu machen und sich daran zu wärmen. Und im Indian Summer, typischerweise der Oktober, fällt die Temperatur des Nachts gut und gern auf den Gefrierpunkt. Wenn da nicht Hilfe von dritter Seite kommt, droht der Tod durch Unterkühlung. Eigentlich hätte man bei dem wunderschönen Foto also dazuschreiben sollen: »Nicht zur Nachahmung empfohlen.«

Das Foto mag weit weg entstanden sein, doch auch in Deutschland oder überhaupt in Mitteleuropa kann ein gerade noch harmlos dahinplätschernder Bach in Sekunden gefährlich anschwellen. Letzten Sommer erfuhr ich das am eigenen Leib. Lea und ich waren Forellen angeln, als ein Gewitter aufzog. Als die Stimmung am Himmel immer bedrohlicher wurde, verzogen wir uns vorsichtshalber in ein nahe gelegenes Gasthaus. Kurz darauf ging der gewaltigste Wolkenbruch des ganzen Sommers über der Eifel nieder. Der Spuk dauerte nur zwanzig Minuten, doch in dieser Zeit fielen über 25 Liter Wasser. Wir waren ganz begierig, wieder an den Forellenbach zu kommen, denn nach einem Gewitter beißen die Fische besonders gut, weil der Regen viele Insekten in das Gewässer wäscht. Und tatsächlich hatte Lea bald einen fetten Brocken an der Angel, allerdings keine Forelle, sondern einen Barsch. Wir waren gerade dabei, den Fisch auszuhaken, als auf einmal ein Rauschen zu hören war. Im nächsten Moment schoss eine Flutwelle heran, und wir konnten uns gerade noch ans Ufer retten. Wir wären zwar nicht ertrunken, hätten uns vermutlich an Erlenzweigen festhalten können, aber es war beängstigend, dass sich in der Eifel ein solches Phänomen überhaupt entwickeln konnte. Was konnte da wohl ein Gewittersturm erst in den Alpen auslösen?

Wenn ich an einschlägigen Spuren am Ufer erkennen kann, dass der Wasserstand auch mal deutlich höher sein kann, als er jetzt gerade ist, sollte ich halt mein Zelt nicht direkt am Bach aufschlagen, sondern ein paar Meter davon entfernt. Und weil es plötzliche Wetterumschwünge mit Regen und vielleicht einem empfindlichen Temperatursturz geben kann, vor allem in den Alpen, wo es dann unter Umständen sogar im Juli oder August schneit, sollte ich nicht ohne eine warme, wasserdichte Jacke im Rucksack auf eine mehrstündige Wandertour gehen. Tatsächlich passiert es gar nicht so selten, dass vom Regen überraschte Wanderer, die stundenlang in nasser Kleidung herumlaufen mussten, so stark unterkühlen, dass sie ins Krankenhaus eingeliefert werden müssen.

In völlig abgelegenen Gegenden ist es auch mir schon passiert, dass ich – trotz guter Kleidung und Ausrüstung – gefährlich auskühlte, weil ich von einem untypisch heftigen Regen überrascht wurde und keinen Unterschlupf fand. Und einmal geschah das zu meiner Schande sogar hier in Deutschland. Selbst ich ließ mich da von einer vermeintlichen Sicherheit einlullen und war allzu sorglos. Wieder einmal waren Lea und ich beim Angeln, dieses Mal in Thüringen, als ein Gewitter aufzog. Ich sagte noch zu ihr, mach dir keine Sorgen, Gewitter ziehen hier schnell durch, in einer Viertelstunde ist alles vorbei. Es blitzte, es donnerte, dann begann es zu schütten. Als der Regen nach einer halben Stunde immer noch keine Anstalten machte, auch nur ein bisschen nachzulassen, baute ich uns aus ein paar Fichtenzweigen einen behelfsmäßigen Unterstand. Es goss weiterhin wie aus Kübeln. Cleo war bereits völlig apathisch, Lea und ich trotz Regenjacken bis auf die Knochen durchnässt. Mit dem Regen einher ging ein Temperatursturz. Wieder eine halbe Stunde später waren wir so durchgefroren, dass uns klar wurde: Wir müssen hier weg. Wir waren derart klamm und steif, dass wir kaum mehr gehen konnten. Nach einer mühsamen Dreiviertelstunde kamen wir endlich am Auto an, wo wir uns die nassen Sachen auszogen, sprich alles, was wir am Leib hatten. Zum Glück haben wir immer Wechselkleidung im Wagen, sodass wir in trockene Hosen und Jacken schlüpfen konnten. Dennoch, und obwohl wir die Heizung und die Sitzheizung bis zum Anschlag aufdrehten, dauerte es gefühlt eine halbe Ewigkeit, bis uns warm wurde.

Im Allgemeinen – das soll keine Entschuldigung für die peinliche Fehleinschätzung sein, die ich mir da geleistet habe – ist in Deutschland ein Hitzschlag oder Entkräftung, weil man sich übernommen hat, eher wahrscheinlich als eine Unterkühlung. Zumindest war dem bislang so, denn meinem Eindruck nach werden die Temperaturschwankungen immer extremer.

Von wegen »Buchen sollst du suchen« – richtiges Verhalten bei einem Unwetter

Eine andere Gefahr bei Gewittern sind Blitze. Jedes Jahr gibt es in Deutschland laut des Ausschusses für Blitzschutz und Blitzforschung des VDE im Schnitt 110 Verletzte und vier Tote durch einen solchen Stromschlag vom Himmel.

»Vor den Eichen sollst du weichen und die Fichten wähl' mitnichten, auch die Weiden musst du meiden, aber Buchen sollst du suchen.« So lautet eine alte Volksweisheit, eine Weisheit, die dumm ausgehen kann. Es stimmt nämlich nicht, dass manche Baumarten öfter von Blitzen getroffen werden als andere. Vielmehr ist es so, dass Blitzeinschläge an den verschiedenen Baumarten einfach unterschiedlich stark sichtbar werden. An der glatten und gleichmäßig feuchten Rinde einer Buche – oder einer Erle oder einer Rosskastanie – »gleiten« Blitze in den Erdboden und hinterlassen kaum Spuren an der Borke. Eine dicke, raue, womöglich noch moosbewachsene Rinde dagegen saugt das Wasser auf und ist wegen der tiefen Furchen nicht durchgängig feucht, weshalb der Blitz nicht mehr oder weniger schadlos daran entlanggleitet. Fazit: Bei Gewitter am besten einen großen Sicherheitsabstand zu Bäumen halten.

Dass Bäume keinen Schutz gegen Blitzeinschlag bieten, auch Buchen nicht, habe ich als Kind aus eigener Erfahrung gelernt. Ich war zwölf oder dreizehn Jahre alt und sollte während eines

Gewitters etwas aus unserem Gartenhäuschen holen. Also lief ich, nur mit einer Badehose bekleidet, in den Regen hinaus. In dem Moment, als ich keine anderthalb Meter an einer Fichte vorbeilief, schlug der Blitz in den Baum ein. Ich spürte den Stromschlag am ganzen Körper, es war ein unfassbares Gefühl. Bis heute habe ich überall am Körper kleine Narben, wo sich brennendes Harz, das von der Rinde wegstob, in die Haut eingebrannt hat. Dieses Erlebnis hielt mich nicht davon ab, bei einem späteren Gewitter unter einem Baum Schutz zu suchen. In einem riesigen Talkessel tobte ein schweres Unwetter, und es schien, als würde es in dem Tal kreisen. Es war die Hölle. Überall schlugen Blitze ein, der Donner dröhnte in den Ohren, dazu goss es wie aus Eimern. Ich hatte mich an einen Baum gestellt, und als die Blitzeinschläge immer näher kamen, wurde aus Angst Panik, und ich lief los, auf eine gewaltige Buche zu. Als ich vielleicht noch fünf Meter von ihr entfernt war, schlägt genau in diesen Baum ein Blitz ein. Ich bekam einen Megaschreck und weiß noch, dass ich wie am Spieß schrie.

Auch ohne Gewitter können Bäume zu einer Gefahr werden. Ein Sturm reicht: Da fährt der Wind mit Macht in die Krone eines Flachwurzlers, zum Beispiel eine Fichte, und biegt ihn, bis das Wurzelwerk reißt. Der Baum knallt so schnell auf die Erde, dass keine Zeit mehr bleibt, noch wegzuspringen. Und gelegentlich braucht es nicht einmal einen Sturm. Hin und wieder werfen im Sommer Bäume, speziell Eichen, Äste ab. Man vermutet, dass bei langer Trockenheit die Oberfläche von Ästen an Elastizität verliert und sich das Holz dadurch immer mehr verspannt. Manchmal bilden sich nur große Risse, doch ab und zu wird ein Ast regelrecht vom Stamm abgesprengt. Ohne Vorwarnung gibt es irgendwo oben in der Krone einen Knall, und schon kracht der Ast zu Boden. Wehe dem, der gerade unter dem Baum steht. Im August 2018 trennte sich in Neuruppin eine Eiche von einem neun Meter langen und mehrere Hundert Kilogramm schweren Ast, und in der Wetterau zerschlug ein abgesprengter Eichenast eine Bank. Mich traf einmal ein großer Ast am Kopf, als ich in einer Eiche herumkletterte. Zum Glück verpasste er mir nur eine Platzwunde und ein paar gestauchte Halswirbel.

So falsch wie das mit den Buchen ist die alte, nach wie vor weitverbreitete Formel, dass das Gewitter so viele Kilometer entfernt ist, wie Sekunden zwischen Blitz und Donner liegen. Sie kann gar nicht stimmen, weil Licht, also der Blitz, sich schneller fortbewegt als Schall, sprich der Donner. Nicht absolut präzise, aber ein guter Anhaltspunkt ist die Faustformel »Sekunden geteilt durch drei«. Zählen Sie also beispielsweise sechs Sekunden zwischen Blitz und Donner, ist das Gewitter zwei Kilometer entfernt.

Wenn man sich nirgendwo schützend unterstellen kann, sollte man mit geschlossenen Beinen in die Hocke gehen, die Arme um die Knie legen und den Kopf senken. Mit dieser Kauerhaltung macht man sich so klein wie möglich und verringert die sogenannte Schrittspannung. Schrittspannung ist die elektrische Spannung zwischen zwei Punkten im Bodenbereich, der von starkem Strom durchflossen wird. Wenn die Füße ohne Zwischenraum direkt nebeneinanderstehen, kann sich folglich keine oder zumindest kaum eine Schrittspannung aufbauen. Wegen der Schrittspannung sollte man sich auch eher mit geschlossenen Beinen hüpfend (wie beim Sackhüpfen) oder, falls man das nicht kann, lieber mit Trippelschritten in Sicherheit bringen, als zu gehen oder gar zu laufen.

Metall zieht den Blitz zwar nicht an, wie oft behauptet wird, aber es leitet Elektrizität besonders gut, weshalb man ein Fahrrad, einen Wanderstock oder andere Dinge aus Metall in einiger Entfernung ablegen sollte. Obwohl es naheliegend erscheint, sollte man sich keinesfalls an eine Felswand drücken, sondern mindestens einen, besser drei Meter Abstand halten. Auch wenn man in einer Höhle Zuflucht gefunden hat, sollte man sich von den Wänden und der Decke fernhalten, da sich ein Stromschlag durch das Gestein entladen kann.

Schlusswort

Unsere Natur – ob Pflanzen, Tiere, Landschaften, Klima – ist einzigartig und unvergleichlich schön. Dennoch arbeiten wir Menschen daran, sie zu zerstören. Zwar rühmen wir uns damit, die höchste Intelligenz aller Lebewesen zu besitzen, wir nutzen sie aber schamlos dazu, unsere eigenen Belange über die der anderen Wesen der Erde zu stellen. Dies führt im Verein mit unserer schieren Anzahl – die Erdbevölkerung liegt derzeit bei knapp acht Milliarden – dazu, dass wir die Natur immer weiter ausbeuten, sie in ihre letzten Bollwerke zurückdrängen, in die Regenwälder, die Hochgebirge, die Wüsten und die Tiefen der Weltmeere, dass wir rücksichtslos Gifte einsetzen und vieles mehr. In den Jahrmillionen, seit es Leben auf der Erde gibt, sind immer wieder Arten ausgestorben, viele im Lauf der Evolution gemäß der Darwin'schen Lehre vom Überleben des Stärkeren ohne größeres menschliches Zutun; doch wir Menschen haben dem Artensterben eine neue Dimension verliehen. Laut Angaben des NABU ist die Aussterberate heute rund tausendmal höher als natürlicherweise. Es gab auch immer schon Klimaveränderungen, doch wir Menschen befeuern die Erderwärmung in bisher nicht gekannter Weise.

Andererseits gibt es sehr viele und glücklicherweise immer mehr Menschen, die sich aktiv und leidenschaftlich mit den Belangen der Natur beschäftigen und sich für den Naturschutz starkmachen. Das erlebe ich auch bei meinen Vorträgen, die immer sehr gut besucht sind, und anhand der Zahl meiner

Follower bei Facebook, die kontinuierlich steigt. Und offensichtlich zieht sich das Bewusstsein, dass die Natur in ihren mannigfachen Facetten von unschätzbarem Wert ist, durch alle gesellschaftlichen Schichten und Altersklassen. Das ist auch gut so und wichtig, denn es lässt hoffen, dass wir auf dem richtigen Weg sind und noch halbwegs rechtzeitig die Reißleine ziehen können – wenn auch für manche Gletscher und Spezies wie zum Beispiel bestimmte Riesenschildkröten, die unwiederbringlich ausgestorben und für immer verloren sind, der Weckruf zu spät kommt.

Hilfe erhalten wir dabei von der Natur selbst, indem sie zum Beispiel Gebiete, die wir ihr in Form von Naturreservaten oder sonstigen Schutzgebieten zurückgeben, ganz von allein »renaturiert«, oder indem Tierarten zu uns zurückkehren, die wir einst bis zur Ausrottung gejagt haben. Die Natur reicht uns immer wieder die Hand und sagt im übertragenen Sinn: Wir können zusammenleben, aber nimm mich bitte so, wie ich bin, nicht so, wie du mich haben willst.

Stichwortregister

Die kursiven Zahlen am Ende verweisen auf Seiten im Bildteil.